名菇高效栽培技术丛书

MINGGU GAOXIAO ZAIPEI JISHU CONGSHU

# 图说香菇栽培

TUSHUO
XIANGGU
ZAIPEI

应国华　主编

U0383893

浙江科学技术出版社

**图书在版编目(CIP)数据**

图说香菇栽培 / 应国华主编. — 杭州：浙江科学技术出版社，2014.4

（名菇高效栽培技术）

ISBN 978-7-5341-5900-8

Ⅰ.①图… Ⅱ.①应… Ⅲ.①香菇—蔬菜园艺—图解 Ⅳ.①S646.1-64

中国版本图书馆 CIP 数据核字(2013)第 314715 号

| 丛 书 名 | 名菇高效栽培技术丛书 |
|---|---|
| 书 名 | **图说香菇栽培** |
| 主 编 | 应国华 |

**出版发行 浙江科学技术出版社**

杭州市体育场路 347 号　邮政编码：310006

办公室电话：0571-85176593

销售部电话：0571-85176040

网址：www.zkpress.com

E-mail：zkpress@zkpress.com

| 排 版 | 杭州兴邦电子印务有限公司 |
|---|---|
| 印 刷 | 杭州印校印务有限公司 |
| 经 销 | 全国各地新华书店 |

| 开 本 | 880×1230　1/32 | 印 张 | 5.125 |
|---|---|---|---|
| 字 数 | 150 000 | | |
| 版 次 | 2014 年 4 月第 1 版　2014 年 4 月第 1 次印刷 | | |
| 书 号 | ISBN 978-7-5341-5900-8　定 价　12.00 元 | | |

| 责任编辑 | 钱 珺 李亚学 | 责任校对 | 张 宁 |
|---|---|---|---|
| 封面设计 | 孙 菁 | 责任印务 | 徐忠雷 |

# 前言

　　食用菌是一类集美味、营养和保健功能于一体的健康食品。随着人们生活水平和对健康关注度的提高，广大消费者对各种食用菌独特的药用保健功效的认识日益广泛与加深，如黑木耳的益气活血、金针菇的利肝益肠增智、灵芝的固本扶正、猴头菇的健胃补虚等，"一荤一素一菇"的健康膳食理念越来越为人们所推崇，国内外市场对食用菌产品的消费需求日趋旺盛，市场前景广阔。

　　我国食用菌栽培历史悠久。改革开放以来，食用菌产业更是作为新兴产业得到快速发展，为千千万万农民提供了致富门路，在我国农业和农村经济发展中发挥了重要的作用。2011年，我国食用菌总产量达2 570万吨，产值1 500亿元，已成为继粮、油、菜、果后的第五大农业产业，业已成为我国许多地方的"再就业工程"、"奔小康工程"、"富民强县工程"首选项目和许多食用菌产区区域经济的农业支柱产业，有效促进了农村发展、农业增效和农民增收。食用菌产业在我国农村、农业发展中所具有的独特优势和地位日益凸显。

　　食用菌种植不与粮争地、不与地争肥、不与农争时、不与其他行业争资源，可点草成金，变废为宝，是生态循环经济中的重要组成部分。其栽培原料主要为农牧业废弃物，产品收获后的培养基又可作为绿色有机肥还田，有的还可以作栽培另类食用菌的原辅料，完全可以实现资源的循环利用，获得最佳的经济与生态效益。食用菌这一集生态农业、高效农业和循环农业于一体的朝阳产业越来越受到社会各界的关注与重视。

浙江是我国传统食用菌生产、出口大省,是世界香菇人工栽培的发源地,食用菌年产量、产值、出口量、出口额一直居全国前列。"庆元香菇"、"江山白菇"、"龙泉灵芝"、"磐安香菇"、"开化黑木耳"等先后获国家原产地域保护或国家原产地标记保护。浙江省悠久的食用菌栽培历史和强劲的产业发展势头,催生了一支引领产业发展,孜孜不倦地探索、寻求创新的食用菌专业人才队伍,栽培技术不断改进创新,生产模式不断转型升级,向集约化、规模化、工厂化方向发展。

　　《名菇高效栽培技术丛书》以奋战在食用菌科研和生产第一线的专家、科技骨干组成编纂团队,以图说的形式,按菇种分篇,图文并茂、系统介绍了香菇、双孢蘑菇、金针菇、黑木耳、灵芝、杏鲍菇、秀珍菇、灰树花等食用菌的先进栽培技术与新型生产模式。参与本套丛书编著的每位作者都在栽培技术经验总结,最新科研成果和最新生产技术、生产模式的发掘集成方面作出了很多努力,开展了开拓性的工作,尤其在图片创作收集方面付出了大量的心血。丛书按既定的"看图学技术,照图会操作"的编写宗旨和特色目标,力求各关键技术操作环节均有图片展示,让读者一目了然,使之成为广大食用菌科技工作者和生产者的重要参考书。希望本套丛书的出版能为广大农民增收致富和加快农村小康建设起到促进作用。

# 编者的话

香菇是我国最主要的栽培菇类,年生产量达 $2 \times 10^6$ t,产量位列世界第一。香菇味道鲜美、营养丰富,很早就被人们开发利用,是古代宫廷的贡品。近年来,随着研究的深入,香菇良好的保健功能得到证实,因此,市场需求量迅速上升,香菇已成为国内最具竞争力和发展前景的食用菌。

香菇人工栽培技术起源于浙江省龙泉市、庆元县和景宁畲族自治县,距今已有 800 多年的栽培历史,经历了砍花法、人工纯菌种椴木栽培法、纯菌种压块法、大田阴棚菌棒栽培法四个主要发展阶段。20 世纪80 年代以来,随着大田阴棚菌棒栽培法的推广,香菇栽培技术首先在福建省宁德市、浙江省丽水市得到广泛应用,香菇栽培产业得到迅猛发展。丽水市香菇栽培产业于 1986 年起步,到 1997 年香菇产量达到 7 亿多袋。丽水市在国内率先研究出大棚秋季栽培法、半地下式栽培法、夏季低海拔覆土栽培法以及高棚层架栽培花厚菇法等一系列新模式。从20 世纪 90 年代起,大量的丽水菇农走出丽水,到全国各地建立示范基地,为丰富当地市场香菇供应、带动当地农民发展香菇产业,为香菇产业的发展和技术转移,特别是南菇北移、东菇西移起到了重要的作用。目前,香菇栽培已经成为多数省份发展特色产业、增加农民收入的首选项目。

笔者长期从事香菇等食用菌栽培技术的研究与推广工作,在工作中积累了大量有效、实用的技术,在帮助农民发展香菇生产过程中起到了很好的指导作用。本书以图说的形式介绍了香菇栽培的发展历程、目前国内香菇栽培的主要品种、菌种的生产技术、大棚秋季栽培法、半地下式栽培法、高温栽培法以及高棚层架栽培花厚菇法等浙江省香菇栽培的主要模式,还简要介绍了香菇生产最新的主要机械,尤其是近年来发展起来的香菇集约化生产配套机械,对各地香菇生产模式转型、升级具有一定的促进作用。

本书图文并茂,适合食用菌科技工作者、广大菇农、大专院校师生等香菇生产、加工、科研及行业管理等相关人员阅读、参考。

本书在出版过程中得到浙江省科学技术协会青年科技人才培养工程项目(浙科协发[2012]38号)的资助,在此表示感谢。

由于编著者水平有限,加上编写时间仓促,书中存在不妥之处在所难免,敬请读者批评指正。

作者
2014 年 1 月

# 目　录

# 一、概 述

香菇,又有香蕈、冬菇等别称,商品名为花菇(图 1-1)、光面菇等,日本称之为椎茸。香菇是人工栽培最早的食用菌之一,目前已经成为世界第二大食用菌。我国是香菇生产大国,年生产量达 $2×10^6$ t,占全球总产量的 90%。浙江省丽水市是全国香菇主要产区,年栽培量达 5 亿袋,产量约为 $4×10^5$ t。

图 1-1 花菇

# （一）香菇的营养与保健价值

## 1. 香菇的营养价值

香菇因其香气沁人而得名,它味道鲜美,营养丰富。据分析,干香菇固形物含粗蛋白 17.53%、粗脂肪 4%、可溶性无氮物质 67%、粗纤维 7%、灰分 4.47%。香菇中的蛋白质含有 18 种氨基酸,其中人体所必需的 8 种氨基酸中香菇就含有 7 种。香菇还富含多种对人体有益的微量元素、维生素。每 100g 香菇菌盖含钙 40.40mg、磷 778.06mg、铁 11.30mg、维生素 $B_1$ 0.21mg、维生素 $B_2$ 1.49mg、维生素 $B_5$ 25.20mg。特别是香菇中维生素 D 原含量很高,维生素 D 原经过太阳光照射后转化为维生素 D,维生素 D 对促进人体钙的吸收、防止钙的流失、防治佝偻病等具有积极的效果。营养学家把香菇誉为"植物性食品的顶峰"。

## 2. 香菇的保健价值

香菇不仅是味道鲜美、营养丰富的食物,而且还是传统中药。明代著名医药学家李时珍的著作《本草纲目》中记载:"香菇乃食物中佳品,味甘性平,能益胃及理小便不禁",并具"大益胃气""托痘疹外出"之功。现代医学研究发现,香菇中占 67% 的可溶性无氮物质为香菇多糖（$\beta$-1,3 葡聚糖）。香菇多糖可调节人体内具有免疫功能的 T 细胞的活性,对癌细胞有强烈的抑制作用,如对小白鼠肉瘤 180 的抑制率为 97.5%、对艾氏癌的抑制率为 80%。香菇还含有双链核糖核酸,能诱导产生干扰素,具有抗病毒的作用。

# （二）香菇人工栽培发展历程与现状

## 1. 香菇人工栽培起源

早在850年前，浙江省庆元县山民吴三公（1131～1209）发明了一种叫"砍花法"的香菇栽培技术（图1-2），其核心是利用自然孢子作为菌种，通过一定的管理措施，使原木出菇。这一方法自发明后经世代相传，一直沿用了800多年，造福了一方百姓，开创了人工栽培香菇的先河。因此，吴三公被历代菇民尊称为"菇神"。庆元县西洋殿、景宁畲族自治县英川镇、龙泉市凤阳山和下田村等地都修建有菇神庙，庙中奉祀的菇神就是吴三公。

图1-2 香菇"砍花法"栽培技术中的剁鱼鳞口

## 2. 香菇人工栽培技术的变迁

1931年丽水市成立了我国第一个香菇专业改良农场——龙泉县（现龙泉市）香菇种子繁育场，开始进行香菇纯菌种栽培的初步试验。该试验利用"旧木菌丝当种木"和"香菇菌褶阴干磨成的孢子粉当菌种"等接种方式，对应用了800多年的原木砍花法进行了革新。

直到20世纪中后期，随着菌种生产技术的成熟，生产香菇的"砍花法"逐步被菌种接入法取代。龙泉市、庆元县、景宁畲族自治县的10万多菇民利用传统剁花法的优势,结合菌丝播种技术,使椴木香菇(图1-3)的产量大幅度提高,然后逐渐过渡到椴木纯菌丝播种技术,并引进了优良的椴木香菇品种,使香菇产量成倍增加、生产周期大大缩短,为我国香菇生产开创了崭新的局面。椴木纯菌种播种法,揭开了被神化了的种菇面纱,但椴木栽培香菇的整个生产周期仍为3～4年,每立方米椴木一般只能生产5kg左右的干香菇,生产周期长,效益较低。

**图1-3　椴木栽培的香菇**

香菇椴木栽培技术仅用了30年,就被福建省古田县科技人员发明的一种全新的技术——代料栽培法取代了。由于香菇代料栽培的培养料营养比椴木更加丰富、合理,生产管理也能够更加精细、科学,因而产量和效益得到了大幅度的提高,木材资源得到了更充分的利用。丽水市食用菌科技人员利用该技术创造性地开发了大棚秋栽、半地下式栽培、夏季高温地栽、高棚层架栽培等一系列国内外领先的栽培模式,保持了浙江省在国内香菇栽培技术创新中的领头羊地位,对我国香菇产业发展起到了巨大的作用。

### 3. 香菇人工栽培发展的趋势

进入 21 世纪,随着我国经济、社会的迅速发展和城市化、工业化的快速推进,大量农村劳动力向城市转移,进入工厂,一家一户的香菇生产方式已经难以可持续发展。香菇生产正面临转型,由一家一户手工操作为主向合作社、机械化、集约化、规模化、工业化方向发展,即由传统的一产向二产融合发展,专业分工越来越明显,香菇生产迎来了新的发展机遇。哪个地区先主动转型,哪个地区先完成转型,哪个地区将获得新一轮发展的先机。

## (三) 香菇的生物学特性

### 1. 香菇的分类地位

香菇,学名 *Lentinus edodes*,属真菌门(Eumycophyta)、担子菌亚门(Basidiomycotina)、层菌纲(Hymenomycetes)、伞菌目(Agaricales)、侧耳科(Pleurotaceae)、香菇属(*Lentinus*)。

香菇的生命周期从孢子萌发开始,经过菌丝体的生长和子实体的形成,到产生新一代的孢子而告终,这就是香菇的一个世代。

### 2. 香菇的营养需要

香菇生长所需的主要营养成分是碳源和氮源,以及少量的矿物质和维生素等。

**(1) 碳源**

碳源是香菇生长发育最重要的营养元素,主要是糖类。香菇对碳源的利用以单糖类(如葡萄糖、果糖)最好,双糖类(如蔗糖、麦芽糖)次之,淀粉最差。椴木和代料培养基中的木屑是香菇最主要的碳源。

**(2) 氮源**

氮源用于细胞内蛋白质和核酸等的合成。香菇菌丝能利用有机氮

（蛋白胨、氨基酸、尿素）和无机氮。麦麸、米糠等是香菇最主要的氮源。

**（3）矿物质**

香菇生长所需的矿物质中以磷、钾、镁最重要，铁、锌、锰同时存在时能促进香菇菌丝的生长，它们是细胞和酶的组成部分。

**（4）维生素**

维生素可对香菇的酶活动产生影响。在马铃薯、麦芽、麸皮、米糠等材料中维生素含量较多，一般使用这些原料配制培养基时可不必再加入维生素。

### 3. 香菇对生长环境的要求

香菇生长发育所需要的环境条件主要是指温度、湿度、空气、光照以及适当的酸碱度等。

**（1）温度**

香菇菌丝生长的温度范围广，在 5～34℃均能生长，而以 22～26℃最适宜。香菇菌丝体比较耐低温而不耐高温，子实体发生的温度一般要求为 5～24℃，而以 15℃左右为最适温度。在生产中，6～10℃的温差有利于子实体原基的发生，若最高温度为 18℃、昼夜温差达 10℃，则出菇最多，质量最好。

**（2）湿度**

菌丝生长阶段，基质含水量以 50%左右为宜，空气相对湿度以65%～75%较好。子实体形成时，菇木含水量以 60%左右、空气相对湿度以 85%～90%为宜。菇木经过一段时间干燥后，一旦得到适量的水分，便能大量出菇。

**（3）空气**

充足的氧气是保证香菇正常生长发育的重要生态因子，因此培养场地应通风良好，以保持空气新鲜。

**（4）光照**

香菇是需光性菌类。菌丝生长阶段可以不需要光线，在子实体形成阶段则要求有一定的散射光，所以栽培场应有良好的遮阳条件。

**（5）酸碱度**

香菇喜酸性环境。在 pH 3～7 的条件下，菌丝均能生长。最合适的 pH 为 4.5～5.5，此时菌丝生长快而健壮。

# （四）主要栽培品种

## 1. 早熟品种

### （1）L-868

L-868（图 1-4）属早熟中低温型品种，出菇温度为 8～25℃，子实体中大型，菌盖茶褐色、圆整，肉较厚，柄细短，抗杂能力强，出菇快，菌龄 60d 以上，自然转色好，产量高，适鲜销，是浙江省武义县、江苏省姜堰市以及辽宁省、江西省等地的当家品种之一。但由于菇质较软，现已被菇质结实的 L808 等品种替换。

图 1-4　早熟中低温型品种 L-868

### （2）L-26

L-26（图 1-5）属早熟中温型品种，出菇温度为 10～25℃，子实体大型，菌盖茶褐色，肉厚，柄较短，抗逆性强，出菇较快，产量高。该品种菌龄 65d 以上，是适

图 1-5　早熟中温型品种 L-26

宜全国大棚秋季栽培模式的当家品种,缺点是菇质较软。

**（3）LS-10**

LS-10(图 1-6)属早熟中温型品种,子实体大型,菌盖浅茶褐色,转潮快,产量高,菌龄 65d 以上,是干制、鲜销的优良品种,深受菇农青睐。由于菇质较软,栽培面积不断萎缩。

图 1-6　早熟中温型品种 LS-10

**（4）Cr66**

Cr66(图 1-7)属早熟中温型品种,出菇温度为 10～23℃,子实体中型,菌盖黄褐色,肉厚,柄细短,菌丝抗逆性较强。该品种出菇早,高产,易管理,菌龄 60d 以上,缺点是菇质较软。

图 1-7　早熟中温型品种 Cr66

**（5）Cr33**

Cr33 属早熟中温型品种，出菇温度为 8～22℃，子实体中型，菌盖黄褐色、圆整美观，肉较厚，柄细短，抗逆性强，出菇快，产量高，属边转色边出菇的品种，易管理。该品种菌龄 55d 以上，缺点是菇质软，生产上已很少使用。

**（6）Cr04**

Cr04 属早熟中温偏高型品种，出菇温度为 10～28℃，子实体大型，菌盖茶褐色、圆整，肉厚，柄较短，菌龄 80d 以上，产量高，为高海拔地区中高温季节的出菇品种。

**（7）申香 2 号**

申香 2 号属早熟中高温型品种，出菇温度为 8～28℃，子实体中大型，形美，到后期也能保持良好朵形，菌盖茶褐色、圆整，肉厚，柄较短，产量较高，菌龄 75d 以上；是干制和鲜销的良种。菌棒宜提前（8 月上旬）制作，第一潮出菇温度需 18℃以上。

## 2. 中熟品种

**（1）L808**

L808（图 1-8、图 1-9）是丽水市大山菇业研究开发有限公司选育的香菇新品种，属中熟中高温型品种，菌龄 100～120d，出菇温度为 12～25℃。子实体中大型，朵形圆整。菌盖直径 4.5～7cm，半球形，深褐色，颜色中间深、边缘浅，菌盖丛毛状鳞片较多，呈辐射状分布。肉质厚，组织致密，不易开伞，菌柄短而粗。因此，L808 既有 939 菇质结实的优点，又有早熟品种菇柄短的优点，市场售价高于现有品种 1～3 元/kg，是目前最受市场欢迎的品种。它广泛

图 1-8　中熟中高温型品种 L808

用于南方秋冬季出菇、北方和高海拔地区中高温季节出菇,是目前国内香菇栽培中最主要的当家品种。

图1-9　中熟中高温型品种L808

**(2) 939**

939(图1-10)属中熟中低温型品种,出菇温度为8～23℃,最适温度为12～16℃。子实体大型,菌盖黄褐色,盖边缘有白色鳞片,菌肉肥厚、致密,不易开伞,不易破碎,柄较粗长,产量高。秋栽模式菌龄达85d以上,春季接种菌龄为150d左右。菌丝耐高温能力强,春季制棒可安全越夏,秋季长菇,适应性广。该品种发菌后期气温低于20℃,遇震动易出菇,易形成花菇,是生产花菇的主要栽培品种,为出口鲜菇的优良品种。

图1-10　中熟中低温型品种939

**(3) 937(庆科 20)**

937(图 1-11)属中熟中低温型品种,出菇温度为 8~25℃。子实体中型,菌盖黄褐色、圆整,盖边缘有白色鳞片,菌肉肥厚、结实,柄特短,出菇均匀,产量高,极易形成花菇,菌丝抗逆性强,菌龄 90d 左右,为鲜销特优种。

**图 1-11  中熟中低温型品种 937**

**(4) 908**

908 属中熟中低温型品种,形态特征、出菇管理要求与 939 基本一致,只是菌盖颜色较 939 浅,偏黄,为黄褐色,菌肉肥厚、致密,不易开伞,不易破碎,柄较粗,产量高。菌丝耐高温能力强,春季制棒可安全越夏,秋季长菇,适应性广,是菌盖要求偏黄色地区栽培的优良品种。

## 3. 晚熟品种

**(1) 135-5**

135-5(图 1-12)属晚熟中低温型品种,出菇温度为 7~20℃,最适温度为 9~13℃,子实体中大型,菌盖茶褐色,有鳞毛,菌肉肥厚,边缘内卷,菌柄细短,极易形成花菇,菇品价格高,菌龄约 200d,是浙江省丽水市中、高海拔地区的主要栽培品种。该品种抗逆性较弱,制棒含水量宜低,否则越夏易烂棒;培养转色过程中要避光,以防菌皮太厚影响出菇。

图 1-12　晚熟中低温型品种 135-5

**(2) 241-4**

241-4 属晚熟中低温型品种,出菇温度为 6～20℃,子实体大型,菌盖茶褐色、圆整美观,肉厚实、致密,不易开伞,折干率高。该品种抗杂能力强,易管理,菌龄 150d 左右,产量高,厚菇比例高,是干制香菇的优良品种。

## 4. 高温品种

**(1) L9319**

L9319(图 1-13)是丽水市大山菇业研究开发有限公司选育的香菇新品种,属中熟高温型品种。子实体大型、单生、扁半球形,菌盖圆整,边缘内卷;鳞片白色,边缘多、中间少。菇肉厚、质地硬实。菌盖幼时褐色,渐变为黄褐色,湿度不同则菌盖颜色不同:湿度高时为黄褐色,湿度低时为浅褐色。菌盖直径为 5～8cm,菌柄略长,一般为 6～9cm。

L9319 是目前最受市场欢迎的高温菇品种之一,其优点:一是菇的品质好,表现为菇大、圆整、质地结实,市场货架期长;二是色泽好,菇盖呈黄褐色,鲜销受欢迎。缺点:柄略长,且菌龄较长,达100～120d。

图1-13　中熟高温型品种 L9319

**(2) 931**

931(图1-14)属早熟高温型品种,出菇温度为8～35℃。该品种出菇温度范围广,温度高时出菇的子实体中等,温度低时子实体大型。菌盖茶褐色、圆整,肉较厚,柄较短。菌龄60～75d,温度低时达90d以上。该品种抗高温及杂菌能力强,是目前浙江省丽水市低海拔地区夏季高温栽培香菇的主要品种,属高温特优品种,现已推广至全国各地。

图1-14　早熟高温型品种 931

## (3) 武香 1 号

武香 1 号(图 1-15)属早熟高温型品种,出菇温度为 10～30℃,在 34℃的菇棚中其子实体仍能生长。子实体较大,茶褐色,菇圆整,柄短,菌龄 70d 左右,耐高温,抗逆性强,是浙江省丽水市及武义县夏季高温栽培香菇的当家品种之一。

图 1-15  早熟高温型品种武香 1 号

# 二、香菇菌种繁育技术

## （一）菌种场布局

香菇菌种场地要根据生产种的级别、生产规模和实际场地的条件进行科学布局，科学合理的布局有利于提高菌种生产效率和菌种制作的成品率。

### 1. 功能区设置

香菇菌种生产场包括母种生产区域和原种、栽培种生产区域。母种生产区域包括培养基配置、灭菌、接种、培养等区域；原种、栽培种生产区域包括原料堆放区、拌料装瓶（装袋）区、培养基灭菌区、料瓶（料袋）冷却区、接种区、培养区、菌种暂存销售区等功能区。此外，还要设置洗瓶区、污染瓶（袋）处理区，大型菌种场还需要有配电房、原料（木屑）粉碎场所等。

### 2. 功能区布局的基本原则

母种生产由于所需的面积较小，各功能区可安排在一起，有些可以在同一个房间布局，如试管清洗、培养基配置与灭菌可以在一个房间，接种和培养可以安排在另一个房间。当然，如果条件允许，灭菌和接种尽量与其他功能区分开。

原种和栽培种生产区域的木屑原料粉碎场、原料堆放区、洗瓶区、污染瓶（袋）处理区应与装瓶（装袋）区、培养基灭菌区、料瓶（料袋）冷却区、接种区、培养区、菌种暂存销售区等生产功能区分开并保持一定距离,装瓶(装袋)、灭菌、接种、培养等生产功能区尽可能相近;灭菌区与冷却区、接种区尽可能相连。

# (二)菌种分离方法

## 1. 组织分离法

组织分离在遗传学范畴上属于无性繁殖,组织分离能较好地保持原有的遗传特性。组织分离就是在无菌的条件下,切取部分香菇子实体组织(菌肉、菌柄)块,放置到经过灭菌的培养基中,经培养获得纯菌种的方法。在进行香菇子实体组织分离时,选取不同菇场的种菇、不同菌棒的种菇、同一种菇不同部位组织进行分离时,栽培效果差异很大,应引起制种者高度重视。

组织分离方法的优点是操作方便,分离成功率高,分离获得的菌种菌丝活力强,基本能保持原菌株的优良特性,是目前生产和科研中最常用、最有效的获得菌种的方法,也是进行菌种复壮的有效途径。其缺点:①若不慎选用感染病毒的子实体进行分离,获得的菌种常会带有病毒,且肉眼无法分辨,容易给生产带来损失;②如果不对分离的菌种进行出菇对比试验,生产上将出现与原菌种的差异。

香菇组织分离法的操作步骤如下:

**(1) 分离用的器材**

分离用的器材有解剖刀(或小刀)、镊子、接种针、酒精灯、药棉、75%的酒精等。

**(2) 培养基的准备**

要准备的培养基有马铃薯葡萄糖综合培养基(PDA)、马铃薯蔗糖培养基(PSA)。

**(3) 种菇的选择**

一是选菇场,通过走访,选择出菇早、出菇均匀、无病虫害的丰产菇场;二是选菌棒,选择转色好、出菇较多、菌棒收缩良好、无病虫害感染的菌棒;三是选种菇,选择菇体硕壮、菌盖圆整、肉厚、柄短、未开伞的符合品种特性的子实体作为种菇。

采集分离种菇最好到第二潮出菇的菇棚中直接选择合适的菇作为种菇;还可以选择出菇量较多、不丛生的菌棒,摘除多余的菇蕾,集中营养供应留下的1~3个菇蕾,培养成壮硕的种菇。

**(4) 种菇的消毒**

将采集好的种菇及时用吸水透气的面巾纸、信封、报纸等单独包好,带回,忌用不透气的塑料袋。先去除菇体表面的杂物、污物,切去菇柄基部带培养基的部分,然后将分离器材、培养基一起移入接种箱,常规消毒后再进行分离,也可以将处理好的种菇放置于超净工作台上分离。

**(5) 切取组织块**

分离前,先用75%的酒精药棉将双手消毒,然后在接种箱中用经过消毒的刀将种菇的菌柄从基部分开,双手向上一分为二地撕开,用锋利的小刀在菌柄、菌盖交界偏上部分的菇体上切取约0.5cm×0.5cm的组织块,再用经过消毒的接种针或镊子将切取的组织块移入斜面培养基中点偏内处即可。

**(6) 培养**

将接入组织块的试管置于25~27℃的恒温条件下培养,夏季分离的组织块最好放到生化培养箱中培养。一般经24~48h,组织块表面开始恢复,四周长出一层短绒状白色菌丝,72h后组织块与培养基接触部分的菌丝在培养基上定植并蔓延生长。此时要注意观察,若发现细菌、霉菌污染的试管,则应及时淘汰。当菌丝在培养基上生长至2~3cm时,选择菌丝生长较快、健壮的试管,用接种工具先轻轻捻平前端1cm的气生菌丝,然后用接种针切割成约0.5cm×0.5cm的小块,再移入新的斜面培养基上,经培养成为母代母种。

**(7) 检验**

母种质量检验是一项非常必要的工作,只有通过检验的母种才能应用于生产。通常的方法有显微镜检验法、出菇试验法。

显微镜检验法：一是观察组织分离获得的母种是否是双核菌丝；二是观察菌丝是否具有锁状联合。将分离获得的母种采用压片法制成菌丝压片在显微镜下镜检，正常的菌丝必须是双核菌丝，即菌丝的每一个细胞都有两个细胞核。如果分离获得的母种菌丝在显微镜下是双核菌丝，表明菌丝正常，具备结菇能力。此外，再查看在细胞横隔处是否有锁状联合，通常认为锁状联合越多，出菇能力越高。

出菇试验法：通过镜检的母种在大面积应用前，还须经过出菇试验鉴定，只有出菇正常后，才能投入大面积应用。

## 2. 孢子分离法

香菇孢子分离属有性繁殖，它是通过收集成熟子实体弹射的担孢子，在培养基上萌发生长成菌丝体而获得纯菌种的方法。孢子分离分为多孢分离和单孢分离。

香菇属异宗结合的交配系统，香菇单个孢子萌发获得的菌丝体是单核菌丝，不能形成子实体，必须由不同性别的单核菌丝体经配对结合成双核菌丝后才能形成子实体。香菇多孢分离获得的菌丝体由于含有不同极性的单核菌丝，能形成子实体，但其后代在生产性状上容易产生分离变异。

单孢分离技术广泛应用于香菇的杂交育种，它将不同遗传背景的香菇子实体单孢分离获得的单核菌丝进行配对，获得优于亲本的杂交后代，目前已在香菇新品种培育方面取得非常良好的效果，是香菇育种的基本方法。

香菇多孢分离由于后代产生分离，生产性状表现差异大，因而在生产上直接用多孢分离获取生产应用的菌种几乎无人采用。但近年来香菇多孢分离也开始应用于香菇育种的复壮和筛选。

## 3. 基质分离法

基质分离是获取菌种的一种有效方法，它直接切取部分含菌丝体的菌棒或菇木置于培养基上，从而培养出纯菌种。该方法通常在无菇的情况下或野外采集时采用。笔者认为，基质分离是一种很好的复壮手段，即将菌棒和菇木置于生产环境下，菌棒和菇木内的菌丝经过季节的变换和风吹雨打的考验，其野性和抗逆性得到恢复，因而具有较好的复壮效果。

**(1) 分离用的基材的选择**

分离用的基材的优劣直接关系到分离得到的菌种的成功率和应用于生产后的产量和质量。分离用的基材选择要求：一是分离用的基材应无病虫害、无杂菌；二是基材内菌丝生长良好，基材出菇正常。例如，应选择转色好、出菇较多、收缩良好、无病虫害的菌棒。

**(2) 基材的处理**

出菇期的基材往往含水量较高，而含水量较高的菌棒或菇木由于附着大量的细菌和霉菌，若直接分离，成功率较低。应该先将菇木表面的杂物清除干净后，在自然条件下风干；若天气潮湿，也可以将基材带回后置于干燥器内，待基材表面干燥后才可用于分离。

**(3) 基材表面消毒**

基材表面消毒可分为四步：一是清除基材表面的杂物；二是用75%的酒精药棉进行擦洗消毒；三是把菌棒或菇木在酒精灯火焰上方往返灼烧多次，以杀灭其表面的杂菌；四是置于接种箱内用气雾消毒剂熏蒸。

**(4) 组织的挑取、培养**

将表面消毒好的菌棒或菇木放于无菌箱内，用镊子、锯条、凿子、榔头和解剖刀从基质内部取少量菌棒培养基或小木块，置于 PDA 斜面上，于 25℃ 环境下培养。当菌棒培养基或小木块长出菌丝至一定的范围时，应尽早切取菌落边缘尖端的菌丝移至新的培养基中，通过培养获得纯菌种。

三种分离方法中以组织分离法最常用，它广泛应用于香菇生产菌种的获取、复壮以及菌种种性的保持。孢子分离法广泛应用于香菇育种，单孢分离、单核菌丝配对是目前香菇生产上最有效的育种方法；而多孢分离法多应用于种性复壮和筛选育种。基质分离法则多应用于野生香菇的采集、分离，并在无菇的条件下获取菌种时使用。

# （三）菌种生产

香菇菌种分为母种、原种和栽培种，或者称为一级种、二级种和三级种。母种或一级种是指在 PDA、PSA 等试管装的斜面培养基上培养而成的菌种，通常也称为试管种。原种或二级种培养时，多数使用玻璃菌种瓶作为容器，再装入木屑、麦麸等固体培养基，灭菌后接入母种，以提高成品率。栽培种或三级种与原种的培养基、容器、生产工艺一样，只不过接入的菌种不是母种，而是原种。

## 1. 母种生产

用于培育母种的培养基称为母种培养基。通常将试管作为容器，装入培养基后趁热摆成斜面状，又称斜面培养基。

### （1）培养基配方

培养基中只要配有碳源、氮源和适量的无机盐，香菇就能生长良好。香菇母种可用的培养基配方很多，常用的如下：

①马铃薯葡萄糖琼脂培养基（PDA，图 2-1）：马铃薯（去皮）200g，葡萄糖 20g，硫酸镁 1.5g，磷酸二氢钾 3g，琼脂 18～20g，水 1000mL，pH 自然。

图 2-1　马铃薯葡萄糖琼脂培养基（PDA）实物

②玉米粉蔗糖琼脂培养基(CDA)：玉米粉 40g，蔗糖 10g，琼脂 18～20g，水 1000mL，pH 自然。

③木屑麦麸米糠琼脂培养基：杂木屑(干燥)200g，米糠或麸皮(新鲜、无霉变)100g，硫酸铵 1g，葡萄糖或蔗糖 20g，琼脂 20g，水 1000mL，pH 自然。

**(2) 配制**

①PDA 的配制。先将琼脂称量后，置于清水中浸泡(图 2-2)。再称取去皮的马铃薯(有发芽的一定要挖去芽眼)200g，切成薄片，放入盛有约 1200mL 水的锅中，煮沸保持 15～20min，以薯片酥而不烂为宜(切忌煮烂，图 2-3)，然后用 2～4 层纱布过滤(图 2-4)，去渣取薯汁汤。把薯汁汤置于洁净的锅内，再加入经清水浸泡透的琼脂，继续加热至琼脂溶化。溶化过程中要用玻璃棒等物品不断搅拌，以防焦底或溢出。待琼脂全部溶化后加入葡萄糖，糖溶解后再用 2～4 层纱布过滤，加水补足至 1000mL，趁热分装试管(图 2-5)，每支试管分装量为试管长度的 1/5～1/4。

图 2-2 琼脂浸泡

图 2-3 马铃薯片煮汁

图 2-4 马铃薯片煮汁过滤

图 2-5 培养基分装试管

琼脂的用量与琼脂质量和气温有关,质量较差的要增加用量,质量好的可以减少用量;气温低时减少用量,气温高时增加用量,具体添加量要根据使用后的效果确定。培养基分装时要注意装量均匀,勿把培养液沾到管口上。若不慎沾到管口,则用纱布擦干净后,塞好棉塞(图2-6)。棉塞松紧要适中,以利通气,还可以用硅胶塞代替棉塞,效果也很好。

图2-6 培养基试管塞棉塞

②CDA的配制。称取玉米粉40g,用少量冷水搅拌成糊状,放入盛有约1000mL水的锅中煮沸并保持1h。先用单层纱布过滤,把滤液置于洁净的锅中后加入琼脂,加热使其慢慢溶化,待其全部溶化后,再用2层纱布过滤取汁。滤汁加水补足至1000mL,再放入蔗糖,待糖加热溶化后趁热装管,塞好棉塞,捆扎。

③木屑麦麸米糠琼脂培养基的配制。将200g杂木屑、100g米糠或麦麸用清水1500mL加热煮沸,边煮边搅拌。煮沸保持15～20min后滤去残渣取液,加入琼脂,用文火加热,使之溶化,然后用2～3层纱布过滤取液,再加入硫酸铵和葡萄糖(或蔗糖),搅拌使之溶化,加水补足至1000mL,趁热分装试管,塞好棉塞,捆扎。

**(3) 灭菌**

把装好培养基、塞好棉塞的试管按7支一捆用绳或皮筋扎好,棉塞部分用牛皮纸包扎好,竖直放入灭菌锅内灭菌(图2-7)。一般试管装的培养基放手提式高压锅内灭菌,只要在冷气放尽后,在1.05kg/cm$^2$的压力下保持30～45min即可达到灭菌效果。灭菌是母种生产的重要

图2-7 培养基装锅

环节,关键是把握灭菌的压力和时间。

**(4) 摆斜面**

灭菌后将取出的试管培养基搁成斜面。搁置斜面的方法：在桌上或架上放一条小方木，将试管逐支倾斜排放，使培养液斜面为试管长度的 2/3～3/4（图2-8），然后盖上干燥、清洁的毛巾，使培养基慢慢冷却凝固成斜面。

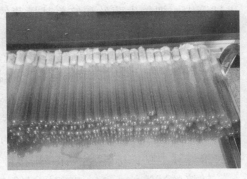

图2-8 培养基灭菌后摆斜面

摆放斜面的关键是如何减少试管壁上的冷凝水。冷凝水的形成是由于试管中的热培养基在摆放成形过程中试管内外温差所导致的。内外温差越大,冷凝水越多;温差越小,冷凝水越少。减少试管壁上的冷凝水的具体措施:一是要抓紧时间摆放斜面,减少试管直接接触冷空气的时间;二是要做好摆放完毕试管的保温工作,以减小试管内外的温差。

**(5) 转管培养**

分离获得、引进或保存的母种在转接前,要先检查菌丝是否健壮、棉塞松紧度是否适宜、棉塞上是否有杂菌,特别是保存时间长的母种,其试管内的棉塞上往往长有黄曲霉(肉眼就能见到)。此外,还要检查试管编号是否清楚。

将检查好的母种及制作好的斜面培养基、酒精灯、接种工具、75%的酒精药棉一起放入接种箱内,用气雾消毒剂 2 包(4g),高温季节可增加至 3 包(6g),点燃熏蒸消毒 40min。

将手用 75%的酒精药棉擦涂消毒,或用新洁尔灭溶液洗手后,伸入接种箱内,点燃酒精灯,将接种针、接种铲用酒精药棉擦涂后在酒精灯火焰上反复灼烧其正反面,使其灭菌,然后使其自然冷却,注意冷却过程中不要碰到其他物品。

左手取种源(母种),将棉塞一段靠近酒精灯火焰,右手的拇指和食指夹住棉塞旋转往外拔出,拔出后注意用酒精灯火焰封口。将接种针伸入试管内,把气生菌丝和培养基最薄的约 1cm 部分钩出试管外弃去,用接种针将斜面菌丝纵横划成 (0.3～0.5)cm×(0.3～0.5)cm 的块状。用右手取灭菌后待接种的试管,交给左手,与种源(母种)一起持平,右手无名指和小拇指夹住棉塞旋转外拔,拇指、食指、中指持接种针挑取母种划成的菌丝体小方块,接入斜面培养基中央,最后塞回棉塞,将其从左手抽出,放在箱内,完成一支母种的转接。重复操作,直至完成所有需要转接的母种。一般每支试管可转接 30～50 支新试管。接种后每支新试管最好马上贴上标签,注明菌号、接种日期,以防混杂。

转接的试管放入 24～27℃恒温箱中或适宜的自然条件下培养,培养过程中要注意检查菌丝是否恢复正常、菌丝形态是否正常、有无细菌和霉菌污染等,及时淘汰有细菌、霉菌污染的试管。若菌丝形态有问题,则要查明原因,坚决弃用。菌丝长满全管后就可用于生产原种或用于保藏。

## 2. 木屑原种生产

原种是母种应用到生产的关键环节,因为母种和原种的培养基成分差异很大,由马铃薯葡萄糖培养基变为以木屑等木质材料和麦麸为主的培养基。原种用于扩繁栽培种用,常用的原种因培养基的不同,有木屑原种、木条原种、麦粒原种、玉米粒原种等之分。依装料的容器不同可分为瓶装原种、袋装原种。

**(1) 配方**

①杂木屑 78%,麦麸 20%,糖 1%,石膏 1%,pH 自然,含水量 50%～55%。

②杂木屑 60%,棉子壳 20%,麦麸 18%,糖 1%,石膏 1%,pH 自然,含水量 50%～55%。

③杂木屑 78%,麦麸 18%,玉米粉 2%,糖 1%,石膏 1%,pH 自然,含水量 50%～55%。

以上 3 个配方是经生产实践证明的优秀配方。

**（2）料瓶制作**

①原料配制。

方法一：第一步先把木屑主料称量后拌均匀成混合料堆；第二步是将石膏粉与麦麸、玉米粉混合均匀，再与木屑翻拌 2～3 遍，拌匀；第三步是将糖溶于水中，然后边洒水边拌混合干料。拌好的培养料最好堆放半小时，让木屑内部也能充分吸水。含水量保持为 50%～55%，一般料水比为 1：（0.9～1.2）。

方法二：提前数小时或前一天将木屑提前加水预湿，让木屑内外干湿均匀，然后再将石膏粉与麦麸、玉米粉混合均匀后与预湿的木屑拌匀，适量加水即可。这种方法对颗粒状木屑尤为适用，原料的含水量容易掌握准确，培养的原种发菌非常理想。

培养料的酸碱度为自然，若气温高、制种配料量大时，可在配料时加入 0.5%～1% 的石灰，以防培养料酸化。

② 装料。

手工装料：配制好的培养料要及时装瓶，当天拌的料应当天装完，不能过夜。洗净的玻璃瓶装料前要沥尽瓶内积水。装料时用左手握住瓶颈，右手将料徐徐灌入瓶中，当料装至瓶口时，提起料瓶，用力震动，使瓶中的料上下松紧一致，然后用鸭脚板（扁形铁钩）把料面托平，压紧至低于瓶肩处。

采用装瓶机装料（图 2-9）：该装瓶机是采用震动下料的原理自制的装瓶机械。装瓶机由震动部分、装瓶装料筐和支撑脚三部分组成。该装瓶机结构简单，容易制作，不但效率很高（每分钟可装 36 瓶），而且装料均匀、质量好。先将菌种瓶整齐地排列在装瓶筐中，然后扣上装料筐，装料筐底部的孔与装瓶筐内的菌种瓶口对应，用钩扣好成一个整体。装料时只需将培养料倒入装料筐，开启震动开关，料就会通过装料筐底部的孔快速地漏入菌种瓶内。操作人员需要用一根木棒来回拨料，使木屑快速地漏入瓶中。待料瓶装满后，关闭震动开关，解开钩扣，取下装料筐，将装满培养料的菌种瓶取出，用鸭脚板压平料面即可。

图 2-9　装瓶机装料

③料瓶清洗。

方法一：洗净瓶口内外壁上残留的培养料（图 2-10），以减少污染。具体操作方法是先准备好洗瓶的水，水深应在 30cm 以上，然后将装料瓶的瓶口朝下浸入水中，洗去瓶外壁上残留的培养料。因瓶内有一定的空气，水不会流入瓶中，然后提起装料瓶，将瓶颈斜浸入水中，当进入瓶口的水快浸至料的表面时，再转动瓶子，洗净瓶颈的内壁，清洗时应防止水进入料中使培养料的含水量过多。洗净瓶内外残留的培养料后，擦干瓶口或待瓶口风干后塞好棉塞（图 2-11）。如果瓶口未干就塞好棉塞，灭菌后棉塞与瓶口粘连，不易拔出。瓶塞要光滑，松紧要适中，与培养料间要留有一定的距离，以防接入菌种后棉塞接触菌种导致菌种的水分被棉塞吸收而影响菌种"吃料"。

图 2-10　料瓶清洗

图 2-11　料瓶塞棉塞

方法二：将料瓶整齐地排在地上，在瓶口上方用洒水壶均匀地喷水，直接将瓶口、瓶肩内外的原料冲刷掉，达到洗净的目的。该方法的优点是速度快、效率高；缺点是不容易洗干净，喷水量较难控制准。

**（3）灭菌**

常用的灭菌方法有高压灭菌和常压灭菌两种。高压灭菌具有燃料消耗少、灭菌彻底、灭菌时间短、效率高的优点。虽然高压灭菌锅造价高，但对于专业菌种生产显然是十分必要的，也是经济的。其灭菌原理与手提高压锅的灭菌原理一样，首先在锅内添加足量的水，然后在蒸架上叠放菌种瓶（图 2-12），也可用周转箱叠放，放满后，盖好锅盖或锅门。打开放气阀，加热，待放气阀冒出急促的蒸汽时，关闭放气阀。待压力表指针达到 $0.5kg/cm^2$ 时，打开放气阀，放冷气至压力表指针回零，然后关闭放气阀，当压力表指针达到设定值时开始计时保温。压力设定值的高低取决于培养料的种类、装料的容量。一般木屑培养基的高压灭菌压力为 $1.5kg/cm^2$，保持 90min；木屑棉子壳培养料的灭菌压力为 $1.5kg/cm^2$，需要保持 120min 才能达到理想的灭

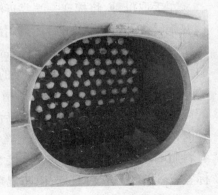

图 2-12　料瓶装锅灭菌

菌效果。

没有高压灭菌锅时,也可以使用常压灭菌锅。常压灭菌锅使用时要注意 2 个关键点:一是必须排尽冷气;二是必须使料温在 100℃的条件下保持 10～12h,以达到灭菌效果。袋装原种装料多时,可以将指针式温度计的探头插入料中,以减少无谓的保温时间。

灭菌完毕后,待高压锅压力表指针回零后,及时打开锅门,待料瓶温度降至不烫手后,及时取出放置于接种房间,用薄膜盖好,防灰尘,以提高接种成品率。

**(4) 接种**

待用的母种,要仔细检查菌丝是否健壮。对保存一段时间的母种要特别检查棉塞上是否有霉菌。最好使用菌丝刚长满管的母种。将检查好的母种整捆扎好,棉塞向下整捆倒置浸于 4%的漂白粉液中,片刻后拿出,以对试管外部及棉塞进行消毒。甩干多余消毒液,放入接种箱中。

将灭菌后冷却的料瓶及接种工具放入接种箱或接种室内,每立方米用气雾消毒剂 4～8g 点燃熏蒸灭菌半小时,即可开始接种操作。将手用 75%的酒精药棉擦涂一遍,或用新洁尔灭溶液洗手后伸入接种箱内,点燃酒精灯,将接种针、接种铲用酒精药棉擦涂后在酒精灯火焰上反复灼烧其正反面,使其灭菌,然后自然冷却,注意冷却过程中不要碰到其他物品。

左手取母种,将棉塞一端靠近酒精灯火焰,右手的拇指和食指夹住棉塞旋转往外拔出,拔出后注意用酒精灯火焰封母种管口。将接种针伸入试管内,把培养基最薄的约 1cm 部分钩出试管外弃去,用接种针将斜面菌丝横割成 5～6 块。取待接的料瓶,用右手无名指、小拇指和手掌的一部分夹住棉塞旋转外拔,拇指、食指、中指持接种针挑取母种划成的菌丝体方块,接入料瓶中央,然后塞回棉塞,完成一个料瓶的接种。接种时以菌丝面朝上为好,这样菌丝恢复吃料快。重复操作,直至完成所有料瓶的转接。一般每支试管可接 5～6 瓶原种。接种完毕后,马上贴上标签,注明菌号、接种日期,以防混杂。

防止混杂的有效方法:一是一个接种箱,或一批料瓶,或一天要接料的所有瓶子只接一个品种,这样可以有效地杜绝错种;二是一个接种箱接完后,逐瓶用记号笔写明菌号,这样可以防止摆放过程中错种。

**（5）培养管理**

培养室要求干燥、洁净,能控制温度,通风换气。将接好的原种移至培养室的培养架上培养,原种培养期间的管理工作是温度调节、湿度控制、通风管理、光照控制及杂菌检查。

温度调节:培养室初始阶段温度应该较高,控制在 26~27℃为好,接种 15d 以后室温宜控制在 22~24℃。

湿度控制:培养室的空气相对湿度应控制在 60%~70%,湿度过高,易滋生杂菌;湿度太低,易使瓶内表层培养料失水而导致菌种吃料困难或发菌缓慢。

通风管理:通风可以减少废气,增加培养室的氧气。通风也是调节培养室温度的手段。气温高时,通风应在早晚进行;气温低时要减少通风,可选择在中午气温高时通风。

光照控制:香菇在菌丝生长阶段不需要光线或只需微弱的散射光,菌种培养要在避光条件下进行。

杂菌检查:原种检查的重点应放在接种块恢复后到菌丝布满培养基表面的这段时间内,一旦发现杂菌,应立即剔除。菌种瓶原种应在菌丝封面之前勤检查,封面后检查可减少。袋装原种检查时直接用肉眼看,若发现污染,则小心取出,尽量减少对其他菌袋的影响。尽量减少拿袋检查的次数,因为每动一次菌袋,就增加一次污染。

### 3. 袋装栽培种生产

栽培种基本都是塑料袋装种。栽培种与原种生产工艺基本一样,所用的生产原料可以完全相同,只不过接入的不是母种而是原种。栽培种是指原种接入培养料培育出来的菌种,但由于栽培种用于接菌棒,生产量远大于原种,因而在配料以及容器选择方面有所不同。

袋装菌种与瓶装菌种差异较大,袋装菌种的优点是装料快、容量大、接种方便;其缺点是袋装菌种容易受挤压而导致袋内外空气交换并感染杂菌,因而成品率往往低于瓶装菌种。

**(1) 配方**

①杂木屑培养基配方:杂木屑 78%,麦麸 20%,石膏 1%,糖 1%,料水比 1:(1~1.2)。

②杂木屑棉子壳配方:杂木屑 63%,棉子壳 20%,麦麸 15%,石膏 1%,糖 1%,料水比 1:(1~1.3)。制袋的杂木屑应采用长条状与颗粒状的混合物,以达到最佳的生产效果。

**(2) 菌种袋的选择**

菌种袋可选用聚丙烯料,也可选用低压聚乙烯料。聚丙烯料的特点是能耐 2.5kg/cm² 的高压,透明度好,但较脆,尤其气温低时易断裂。低压聚乙烯料只能耐 1.1kg/cm² 以下压力,透明度较差,但韧性好。高压灭菌时应选用聚丙烯袋,常压灭菌时宜选用低压聚乙烯袋。菌种袋有 14cm×27cm×(0.004~0.005)cm、15cm×30cm×(0.004~0.005)cm 2 种规格的折角袋,现都选用折角袋。

近年来,在生产中有许多菇农选用 15cm×55cm×0.005cm 的筒袋,效果也不错,但这与菌种标准不符。

**(3) 料袋制作**

①配料。按配方将杂木屑、麦麸、棉子壳、石膏等干料混匀,然后把糖溶于水中,均匀地洒在干料上,再充分拌匀,放置半小时后,以手握料,指缝间有少量水迹印即可。

②装料。手工装料可准备一块长 30cm、宽比袋口小 2~3cm 的木板或铁板,将袋口撑开后,左手提袋口,右手握住板的中部,横着铲料后,将木板竖直连料插入袋口(木板一端伸入袋口约 10cm),料面压实后,达到袋高的 2/3 左右即可。这种方法与常规用手铲料相比,速度快(熟练工每小时装 150~200 袋)、袋口干净(粘料很少)。

大型菌种厂采用机械装料,可选用自控压式装袋机装料(图 2-13),不仅速度快,而且质量好。小型菌种厂可以使用简单带离合的筒料装袋机,用脚控制装料的量,到一定量时松开脚踏开关。这种装袋机非常适合小型菌种厂。

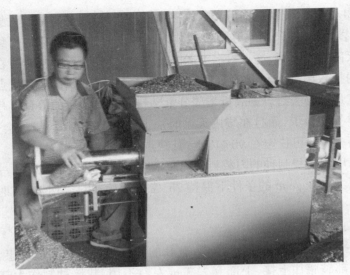

图 2-13　装袋机装料

**(4) 灭菌**

①方法一。装料完毕后套颈圈、无棉盖体(图 2-14)后装入周转箱内(图 2-15)并叠放好,再在周转箱内进行灭菌、接种与培养。这种方法制作袋装栽培种的优点是成品率高、稳定,工作效率高,降低用工成本;缺点是投资较大,但这点投资还是值得的。

图 2-14　料袋套颈圈、无棉盖体

图 2-15　料袋装周转箱

②方法二。装料完毕后袋口以三角折叠法封口,整齐地装入蛇皮袋中,整袋叠放,而颈圈塞好棉塞后装入菌种袋内,扎好袋口与料袋一起送入灭菌锅内灭菌,这是丽水市老区菇农最常用的方法。接种时在接种箱室内接入菌种后套上颈圈、塞好棉塞,送至培养室培养。其优点是因采用三角折叠法封口,故折袋部分紧贴料而在灭菌后的接种过程中袋内外空气交换少,而且在袋内灭菌时加上棉塞与颈圈,料袋不会受潮,故成品率一般可稳定在90%以上;其缺点是接种速度稍慢。

采用塑料袋制种的因装料量比瓶子多,灭菌时间相应延长,一般要求在压力 1.5kg/cm² 的条件下保持 2h。常压灭菌在料温达 100℃时应保持 10～12h。

**（5）接种与培养**

选择发到瓶底 7～10d、浓白、健壮的菌丝(原种)接种最理想。接种要从底部破瓶往上接,上部弃去 3cm 左右不用。栽培种制作大都处于气温较高的 5～8 月,接种要选在早晨或夜间进行,避开中午高温时间。具体接种方法及程序与瓶装菌种相同。

塑料袋装菌种培养室或场地(图 2-16)要清洁、干爽、通风良好,能够控温、控湿、遮光。在排放上,其袋间距要适当比瓶子大一点。检查时直接用眼看,发现污染应小心取出,尽量减少对其他菌袋的影响。

图 2-16　袋装菌种(栽培种)培养室

### 4. 香菇胶囊菌种的繁育

香菇胶囊菌种（图 2-17)技术最早出现于日本,主要应用于椴木香菇栽培中。2000 年庆元县

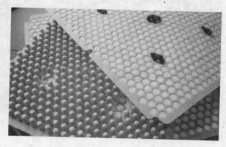

图 2-17　香菇胶囊菌种

食用菌科研中心从韩国引进该项技术，结合我国袋料香菇生产模式加以改进、完善和创新，并在一定范围内得到推广和应用。

**（1）胶囊菌种的特点**

与普通的固体菌种相比，胶囊菌种具有以下优点：一是接种后发菌速度快、污染率低。胶囊菌种接入菌棒接种孔内（图2-18、图2-19），与培养料紧密结合，利于菌丝迅速萌发定植，接种成活率比较高；二是胶囊菌种接种操作简单，接种效率高。胶囊菌种整颗呈锥形，取用方便，省去了菌种掰块和封口的工序，具有省时、省力、提高工作效率等优点。

图2-18　胶囊菌种接种

图2-19　胶囊菌种开放接种

**（2）生产步骤**

①培养料选择。培养基木屑应为适合栽培香菇的阔叶树木的细木屑，并过孔径为4mm的筛子去除粗木屑。

②培养基配方。使用胶囊菌种专用培养基。

③菌种生产。将配制好的培养基装入瓶中，经高压灭菌、冷却后，接入菌种，在25℃左右下培养（图2-20），培养至菌丝生长满瓶后使用。

④胶囊菌种生产设备。胶囊菌种生产设备包括菌种粉碎处理器、固定孔板、进种料

图2-20　袋装栽培种培养

孔板、压制成型机等设备及胶囊菌种托盘、泡沫板等耗材。胶囊菌种制作要求在无菌室中进行。胶囊菌种托盘、泡沫板等耗材需要提前购买或制作。

⑤无菌室设备开启。提前 30min 以上开启无菌室设备。胶囊菌种托盘、泡沫板提前进入无菌室，并开启紫外线消毒，要求平均每立方米不少于 1.5W，照射时间不少于 30min。

⑥菌种粉碎。紫外线消毒后，将挑选过的发菌好且无杂菌的木屑菌种放入无菌室内，操作人员的双手和工具用 75% 的酒精消毒，再用消毒剂对菌种瓶（袋）外表进行消毒，然后从瓶（袋）中取出菌种，利用机器打碎或手工捏碎菌种，去掉菌皮后使用。

⑦菌种胶囊制作。首先将模具进行消毒处理，再将胶囊菌种托盘放在模具上，然后放上塑料孔板。将菌种放在带孔的板上，用塑料板或玻璃板将菌种来回移动使其装入孔内，并填满孔隙。最后，放上泡沫板（泡沫板被切割成 600 个圆片，但有部分连接），再放上塑料孔板，用压制设备压实菌种，之后取出泡沫盖边角料，用气泵枪吹去表面剩余的菌种。制作好的菌种在 25℃下培养 1 周，菌种重新萌发生长并固定成型，即可使用。

**（3）胶囊菌种的保藏**

胶囊菌种要保藏于干燥、洁净、避光、阴凉的环境中，有条件的最好保藏在 1～4℃冷藏库中。在 20℃的常温条件下，胶囊菌种的保藏期为 20d 左右，在 15℃下保藏期为 25d 左右，在 10℃下保藏期为 30d，在 1～4℃的低温条件下保藏期则可达 60d 以上。无论在何种温度下保藏，都必须采取一定的保湿措施，以防止胶囊菌种脱水。保藏于低温冷库中的胶囊菌种需在使用前一天取出，放置于 20℃的常温条件下活化，才可用于接种菌棒，但最好在 6d 内使用完毕。当每张胶囊菌种的质量低于 600g 时，表明胶囊菌种脱水量已过大，菌种活力受影响，不宜再使用。

**（4）胶囊菌种质量鉴别**

香菇胶囊菌种每张 600 颗，要求菌种颗粒饱满无缺口，托盘无破损，盖片紧贴无脱落，菌丝洁白、健壮，无杂菌感染，成熟度适宜，含水量适中(使用时每张重量以 600～800g 为宜)。

## 5. 液体菌种生产技术

液体菌种是指利用生物发酵技术,将颗粒型、固体型菌种培养基质改为液体基质,在接入菌种、高通量氧气的条件下,完成菌丝的快速增殖。香菇液体发酵的主要流程:母种→液体摇瓶种→一级发酵→二级发酵→接种(菌棒、菌袋)应用。

现以发酵罐(图 2-21)二级发酵法为例介绍香菇液体菌种生产技术。

图 2-21　二级发酵罐

### (1) 液体专用母种的制作

香菇液体专用母种的制作与常规品种相同,常规品种一般于 24～27℃、7～11d 即可长好(长到 1/2 培养基长度即可)。菌丝生长健壮、洁白、均匀一致、无任何杂菌污染的菌种为合格菌种。

### (2) 液体摇瓶种的制作

①容器准备。一般常用 500mL 盐水瓶,配以直径 0.8cm 的玻璃管。将 300～350mL 液体培养基装于盐水瓶内,再将玻璃管通过橡胶塞插于瓶内,玻璃管的外口以橡皮管加玻璃球的方式封口。

②培养基的配制。液体摇瓶种的培养基配制与液体发酵罐的培养

基基本相同,但对培养基的过滤要求更高,要增加一次过滤。配方(按 1000mL 计算):去皮马铃薯 100g,磷酸二氢钾 2g,硫酸镁 1g,麸皮 30g,蛋白胨 2g,红糖 10g,葡萄糖 10g。灭菌后置于洁净处冷却到 30℃以下,用于接种。

③接种培养。接种箱或超净工作台经过消毒灭菌后才能用于接种。操作:按照无菌操作的要求操作。解开盐水瓶口,迅速把培养好的试管香菇 0.5cm×0.5cm 的母种种块(1~3 块)放入盐水瓶中,塞好瓶口,放到摇床上培养。培养条件:温度为 23~26℃,摇床旋转频率为 130r/min,幅度为 5cm。

④菌种判断。摇瓶在摇床上培养 4~7d 就可达到使用的要求,可以用肉眼观察来判断菌种发酵的好坏和使用时机:一是若菌液澄清透明、未变混浊,则表明未受污染;二是形成的菌球应色白、大小均匀,下沉于下部的体积占总液体体积的 50%以上。达到以上指标的摇瓶菌种就可以应用于下一级的发酵扩大培养。

**(3) 一级液体菌种生产**

①100L 的发酵罐发酵完成的液体菌种可以接种 4000 多个孔口。发酵设备要求安装在相对洁净的环境中,而且要有相对独立的空间,有进排水口,电路独立、接地良好。每个发酵罐都配有空气进气管、排气管、接种管和底部的排液管,同时还配有空气粗过滤器和精过滤器。

②发酵罐的清洗和灭菌。在空罐使用前要清洗,并进行灭菌。要求对罐体内外、管路、开关进行清洗和检查,清除霉斑和污物,检查开关是否密封良好。空罐的灭菌是用清水加到 70%的容量,安装好盖体,关闭开关,接好电源,调节温度控制开关,加热灭菌。保持在 110℃下 30min后,关闭电源,降温,打开阀门放水。

③培养基的配制。

A. 配方(按 1000mL 计算):马铃薯(去皮)100g,麸皮 40g,红糖 15g,葡萄糖 10g,蛋白胨 2g,磷酸二氢钾 2g,硫酸镁 1g,维生素 $B_1$ 1 片,泡敌 0.3mL。

B. 配制。100 型液体菌种培养器的容积是 100L,而有效容积是70L,

所以要按 70L 计算各培养基的配制原料(同母种培养基制作),并补足培养基总体积。

④装罐。把配制好的培养基 70L 装入发酵罐中,盖好发酵罐盖子,关闭阀门,注意夹层应加满水。

⑤培养料灭菌。调节温度控制继电器到 110℃,开启加热电源,微开发酵放气口、夹层上排水口,排出加热后的多余水,接好蒸汽灭菌的管路,当继电器显示培养基温度达到 110℃时,慢慢开启夹层排水口开关,利用夹层水蒸气对通气管路进行蒸汽灭菌。在通入蒸汽时,把空气过滤器的下排开关半开,排去冷凝水,并打开空气外排开关,保持空气外排口有蒸汽持续喷出并维持 30min,以对管路和空气过滤器进行灭菌。

⑥接种管的灭菌。在空气过滤器灭菌的同时,利用"三通"把蒸汽通入接种管路中,维持蒸汽喷出状态 15min,然后使用止血钳关闭蒸汽的出入口。再微开接种开关,放入经灭菌的培养基后关闭,使接种管路不会处于真空状态。

⑦培养料的冷却、空气过滤器的灭菌和吹干。培养基在 110℃下维持 30min 后,关闭加热电源,同时把经蒸汽灭菌的空气管路从蒸汽出口上卸下,直接把管口接到气泵上,用空气吹干管路和空气过滤器,一般持续 30min。30min 后灭菌结束,用冷水对培养罐的夹层通水,下进上出,罐内温度显示接近 100℃。同时,通过阀门的开闭,向培养罐内通入洁净的空气,微开培养罐通气口,用空气搅拌罐内的培养基,从而加速冷却。当培养罐内的培养基温度显示在 28℃以下时,就可以结束通水冷却,进行接种操作。

⑧接种。先对发酵罐所在的培养室以降尘和空气过滤等方法提高空气的洁净度,然后在酒精灯火焰的保护下,把盐水瓶用于摇菌种的玻璃管外的封口球脱去,与培养罐的接种管相连,要求动作敏捷、迅速,利用虹吸原理把菌球吸入到培养发酵罐中,关闭接种口开关。

⑨发酵培养。发酵培养要注意 2 点:一是培养温度,即调节温度控制继电器为 25℃;二是通气,即开启进气开关和排气开关,调节发酵罐的通气量和罐内气压,用空气流量表测定通气流量,一般设置通气

量为 20L/min，罐内气压控制为 0.01～0.02MPa，每间隔 12h 对空气过滤器的下开口排一次水。这样培养香菇液体菌种 4d 左右，菌球密度增大，菌液流动性明显下降，液体菌种发酵达到终点。

⑩菌种质量的检查。在香菇液体菌种发酵培养的过程中，每天检查发酵罐内菌丝的生长情况，通过镜口观察菌液的澄清透明度及菌球边缘清晰度情况，并对排气孔内排出的气体气味进行判断。正常发酵产生的气味开始为香甜味，之后慢慢变淡，并有一丝菌香味。若出现酸臭味，则说明发酵失败，应停止培养。

**（4）香菇液体菌种的使用**

①接种枪的准备。香菇液体菌种在投入使用时，要先准备好无菌的胶管和接种枪。把接种胶管与接种枪连接好，接口密封，胶管口与接种枪口用 8 层纱布包扎好，放入高压蒸汽灭菌锅中灭菌，完成灭菌后备用。

在酒精灯火焰的保护下把发酵罐的接种口与无菌胶管相连，调节发酵罐进气口和排气口的阀门大小，使罐内压力维持在 0.02MPa 左右，缓慢开启接种口阀门，打开接种枪开关，可见液体菌种迅速从接种枪中喷出。

②接种。液体菌种接种应在洁净的无菌室或接种箱中进行，考虑到接种效率，一般在无菌接种室中操作。香菇液体菌种可以接种香菇立式袋包，也可以接种香菇长袋棒，液体菌种可以直接喷洒在料包的上表面，也可以打入培养料中（图 2-22），让菌种从培养料内部萌发、吃料。接种液体菌种后的菌袋（图 2-23）或菌棒要及时封好袋口，或套上套

图 2-22　液体菌种开放式接种

图 2-23　液体菌种扩接的栽培种

袋,减少在空气中的暴露时间,处于约 23℃下培养。

由于用液体菌种接种,菌种中含有较多的菌液水分,所以在制作栽培种时,培养料的含水量要少些,通常比常规用的培养料的含水量减少 1%～3%。

## 6. 香菇菌种质量的鉴别

### (1) 香菇各级菌种的质量要求

香菇各级菌种的质量要求见表 2-1、表 2-2、表 2-3。

表 2-1　母种感官要求

| 项目 | | 要求 |
| --- | --- | --- |
| 容器 | | 完整,无损 |
| 棉塞或无棉塑料盖 | | 干燥、洁净,松紧适度并能满足通气和滤菌要求 |
| 培养基灌入量 | | 为试管总容积的 1/5～1/4 |
| 培养基斜面长度 | | 顶端距棉塞 40～50mm |
| 接种量(接种块大小) | | (3～5)mm×(3～5)mm |
| 菌种外观 | 菌丝生长量 | 长满斜面 |
| | 菌丝体特征 | 洁白、浓密、棉毛状 |
| | 菌丝体表面 | 均匀、平整、无角变 |
| | 菌丝分泌物 | 无 |
| | 菌丝边缘 | 整齐 |
| | 杂菌菌落 | 无 |
| 斜面背面外观 | | 培养基不干缩,颜色均匀,无暗斑,无色素 |
| 气味 | | 有香菇特有的香味,无酸、臭、霉等异味 |

表 2-2　原种感官要求

| 项目 | | 要求 |
|---|---|---|
| 容器 | | 完整，无损 |
| 棉塞或无棉塑料盖 | | 干燥、洁净，松紧适度并能满足通气和滤菌要求 |
| 培养基上表面距瓶(袋)口的距离 | | 50mm |
| 接种量(每支母种接原种数，接种物的大小) | | 4～6瓶(袋)，≥12mm×15mm |
| 菌种外观 | 菌丝生长量 | 长满容器 |
| | 菌丝体特征 | 洁白，浓密，生长旺盛 |
| | 培养物表面菌丝体 | 生长均匀，无角变，无高温抑制线 |
| | 培养基及菌丝体 | 紧贴瓶壁，无干缩 |
| | 培养物表面分泌物 | 无，允许有少量深黄色至棕褐色水珠 |
| | 杂菌菌落 | 无 |
| | 拮抗现象 | 无 |
| | 子实体原基 | 无 |
| 气味 | | 有香菇特有的香味，无酸、臭、霉等异味 |

表 2-3　栽培种感官要求

| 项目 | 要求 |
|---|---|
| 容器 | 完整，无损 |
| 棉塞或无棉塑料盖 | 干燥、洁净，松紧适度并能满足通气和滤菌要求 |
| 培养基上表面距瓶(袋)口的距离 | 50mm |
| 接种量(每瓶原种接栽培种数) | 30～50瓶(袋) |

| 项目 | | 要求 |
|---|---|---|
| 菌种外观 | 菌丝生长量 | 长满容器 |
| | 菌丝体特征 | 洁白,浓密,生长旺盛 |
| | 培养物表面菌丝体 | 生长均匀,无角变,无高温抑制线 |
| | 培养基及菌丝体 | 紧贴瓶壁,无干缩 |
| | 培养物表面分泌物 | 无,允许有少量深黄色至棕褐色水珠 |
| | 杂菌菌落 | 无 |
| | 拮抗现象 | 无 |
| | 子实体原基 | 无 |
| 气味 | | 有香菇特有的香味,无酸、臭、霉等异味 |

香菇菌种鉴别包括两方面的内容:一是鉴别所分离或引进的菌种是不是香菇,是香菇何种品种或菌株;二是鉴别引进的菌种生产性能是否优良,即使用后出菇的产量、质量如何。

**(2) 香菇母种外观鉴别**

香菇菌丝在 PDA 斜面上表现为白色、粗壮、绒毛状,平伏生长,长满斜面后有爬壁现象。23~25℃培养 12~14d,菌丝可长满斜面培养基(试管为 20mm×200mm,斜面长 12~14cm)。见光后,继续培养会产生褐色色素,形成褐色菌皮,有些品种在斜面上还能产生子实体。

**(3) 香菇菌株、品种的鉴别**

一是以香菇不同菌株间是否发生拮抗反应为依据。通过在 PDA 平板上与现有的菌株或品种进行拮抗试验,可以有效区别 2 个不同遗传背景的菌株,但不能区分 2 个有相似遗传背景或亲缘关系较近的菌株。该方法简捷、实用,在香菇菌株的鉴定上发挥了很大作用,如今在生产上仍被广泛应用,特别在鉴别引进的菌种是否为某一类品种,在防止错种时非常简便、有效。

二是分子鉴别。如随机扩增多态 DNA（RAPD）技术操作简单、快捷、信息量大,检测 DNA 片断多态性的方法独特,已广泛应用于香菇的菌株鉴定,是目前较为准确、可靠的菌种鉴定方法。

**（4）菌种外观质量的鉴别**

一是菌种的纯度。优质的菌种必须是没有感染任何杂菌的纯菌丝体培养基。二是菌种的长势。菌丝生长快、健壮,视为优良菌种。三是色泽。优良的香菇菌种色泽洁白,若菌丝出现红色的液滴,则说明菌种菌龄较长,趋于老化。四是均匀度。菌种纯,均匀度就好,如果原种或栽培种的菌丝初期生长均匀度好,而后期局部菌丝退化、消失,其退化部位与正常部位有明显的拮抗线,则菌种可能带病毒。若在生产上应用带病毒的菌种,其危害是巨大的。

**（5）香菇内在特性的鉴定**

香菇内在特性的鉴定包括出菇试验、抗热性试验、抗霉性测定。出菇试验是检验香菇菌种质量优劣最直观、最主要的手段,也是目前最有效的方法,此处只介绍出菇试验。

出菇试验方法可以按照品种特性,采用常规的栽培方法进行。每一菌株试验数量为每个处理 30 棒,重复 3 次。在管理过程中要有详细的记录,包括原种、栽培种的菌丝生长情况,如菌丝萌动、菌丝浓淡、生长快慢、菌种表面有无菌皮（或菌皮厚薄）、菌苔韧性、培养基转色情况等。菌棒式栽培应记录菌棒转色快慢、颜色、出菇快慢、子实体生长密度、子实体经济性状等,包括菇的大小、厚度、色泽、圆整程度、转潮快慢、对水分的敏感程度、菌柄长短与粗细、产量以及时间分布、优质菇比例等。通过对记载资料的分析,评价菌种生产性能,确定菌种质量的优劣。

## 7. 菌种的保藏

菌种的保藏分为短期保藏和长期保藏。短期保藏主要用在菌种生产和销售过程中。发满瓶袋后未及时销售的菌种,需要通过短期保藏以减缓菌种老化。一般将原种或栽培种放到 10℃左右的冷库中保藏（图 2-24）,如果要延长保藏时间,温度可以降至 6℃。

长期保藏是指保存香菇种源,供今后生产或研究使用。保藏的目标是菌种经过较长时间的保藏之后仍然保持原有的生活能力,而且菌种基本保持原来优良的生产性能,其形态特征和生理性状不发生变异。保藏的原理是使香菇菌

图 2-24　原种或栽培种在冷库中保藏

种代谢作用尽可能降低,抑制它的生长和繁殖,以免发生变异。低温、干燥和真空是保藏菌种的几个重要因素。

**(1) 斜面低温保藏法**

斜面低温保藏法是最简便、最实用的低温保藏方法,因为技术简单,设备要求不高,并能随时观察保藏菌株的情况,目前在生产、科研上被广泛采用。

方法:将需要保藏的香菇菌种接种在适宜的斜面培养基上。培养基与生产用的培养基有所差别,就是在 PDA 的基础上加入缓冲盐类,如0.2%的磷酸二氢钾或磷酸氢二钾,并提高琼脂用量,以减缓培养基水分散失,将其置于 25~27℃下培养。选择菌丝生长健壮的试管菌种,试管口用硫酸纸或牛皮纸把棉花塞包扎住,然后用牛皮纸包好,放到冰箱、冰柜中保藏;或把菌种置于铝饭盒中,再放入 4~6℃的冰箱、冰柜中保藏。保藏过程中要注意检查菌种是否正常,特别要检查试管棉塞是否生霉、有无虫害以及培养基的干缩程度。如果一切正常,每隔 3~4 个月保藏母种需要重新移植保藏。

**(2) 石蜡封口保藏法**

石蜡封口保藏法是在斜面低温保藏法的基础上改进的。选择菌丝

生长健壮的试管,管口用石蜡封严,再放入 4～6℃的冰箱、冰柜中保藏。该方法较斜面低温保藏法保藏时间更长,移接期可延迟到 6～12 月,且培养基无干缩,转管成活率高。

方法:取培养好的试管菌种,检查无异常后,剪平管口棉塞,然后将试管口浸入熔化的石蜡中片刻,使棉塞及试管口密被石蜡后取出,待石蜡冷却凝固后放入 4～6℃的冰箱、冰柜中保藏。

**(3) 木屑培养基保藏法**

木屑培养基保藏法是利用香菇自然生长的基质作培养基保藏菌种的方法,它与低温定期移植保藏法一样,目前被许多单位广泛采用。其优点:取材容易,制作极为方便,抗逆性强,不易老化,保藏期长,与斜面培养基相比,减少中途转接的工作,可以置于 4～6℃冰箱里保藏,也可置于温度较低的室内保存,且保存效果稳定而良好。有研究认为,5 年内的保藏效果与液氮超低温保藏法相近。

配方:杂木屑(颗粒状为好)78%,麦麸 20%,糖 1%,石膏 1%,料水比约为 1:1.1。

方法:按配方称好培养基各原料并搅拌均匀后,装入 18mm×180mm 或 20mm×200mm 的试管中,在 1.5kg/cm² 的压力下灭菌 1.5h,冷却后接入菌种,置于 25～27℃下培养。满管后用石蜡封闭棉塞或塞上橡皮塞并用蜡封口后,放入 4～6℃的冰箱中保藏。

**(4) 液氮超低温保藏法**

该法将要保存的菌种密封在盛有保护剂的安瓿瓶里,经控制冻结速度后,置于−196～−150℃液氮超低温冰箱中保存。液氮超低温保藏法是目前保藏菌种最好的方法。因关键设备(液氮超低温冰箱)价格昂贵,液氮的来源也较困难,所以目前在国内应用不普遍。

优点:保藏时间可长达数年至数十年,经保藏的菌种基本上不发生变异。

# 三、香菇大棚秋季栽培模式

香菇大棚秋季栽培模式（图 3-1）是丽水市莲都区菇农于 1990 年创造的秋季栽培模式之一，以鲜销为主，兼顾烘干，现已推广、应用至全国绝大多数省、市、自治区。主要优势：一是总产量和秋冬菇比例高。每一支菌棒（筒袋规格为 15cm×55cm）产菇量为 0.75～1.2kg，秋冬菇比例达 60%～70%；二是秋冬菇产量高，而且质量好、售价高，经济效益显著提高。根据丽水市莲都区菇农赴全国各地调查的收益情况表明，每万袋的纯利润（已扣除生产成本和生活成本）为 15000～20000 元，高的达30000～50000 元。菇棚取材容易，搭棚只需毛竹、薄膜、遮阳网、铁丝等，也可租用城郊蔬菜钢管大棚及北方日光温室大棚（图 3-2）。

**图 3-1　香菇大棚秋季栽培模式**

名菇高效栽培技术丛书

图3-2 香菇大棚栽培模式生产基地

# （一）品种选择与季节安排

## 1. 品种

大棚秋季栽培模式以早、中熟品种为主,因其应用范围广,故根据不同的纬度、海拔,选用的品种较多,目前主要有L808系列（168、236）、939系列（9015、908）、937（庆科20）、868等。

## 2. 季节安排

秋季栽培时间的选择:最迟从接种日算起往后推60～90d为脱袋期,且日平均气温不低于12℃,这样不但菌丝于较合适的环境中生长,而且子实体也能在适宜的温度下发育。以丽水市为例,该地处于长江流域,夏季炎热,香菇菌丝无法生长,立秋后气温下降较快,适宜制棒的季节较短。对于中熟品种,如L808和939,为了尽早赶在适宜出菇的季节出菇、延长出菇期、提高产量及生产效益,菌棒接种期可提前到8月上旬,甚至7月中旬,有条件越夏的建议提前至5～6月。不同品种在不同

46

海拔的适宜接种期见表3-1。

表 3-1    不同品种在不同海拔的适宜接种期

| 品种 | 海拔 | | |
|---|---|---|---|
| | 300m 以下 | 300～800m | 800m 以上 |
| L808 系列(168、236) | 7 月下旬～9 月上旬 | 7 月初～8 月下旬 | 4～5 月 |
| 939 系列(9015 和 908)、937(庆科 20) | 7 月下旬～9 月上旬 | 7 月初～8 月下旬 | 3～5 月 |
| 868 | 8 月上旬～9 月下旬 | 7 月中旬～9 月上旬 | |

## (二) 菌棒制作

### 1. 适宜作香菇栽培原料的主要树种

适宜作香菇栽培原料的树种很多,但不同树种栽培的产量、质量有较大的差异,以壳斗科、金缕梅科的树种作栽培原料栽培香菇最好。

**(1) 白栎**

白栎(图 3-3),学名:*Quercus fabri*,壳斗科,栎属。

图 3-3    白栎的枝、叶、果

**(2) 枫香**

枫香(图 3-4),学名:*Liquidambar formosana*,金缕梅科,枫香属。

图 3-4　枫香的枝、叶、果

**(3) 钩栲**

钩栲(图 3-5),别名:钩锥、钩栗,学名:*Castanopsis tibetana*,壳斗科,栲属。

图 3-5　钩栲的枝、叶、花

**(4) 青冈**

青冈(图 3-6),学名:*Cyclobalanopsis glauca*,壳斗科,青冈属。

图 3-6  青冈的枝、叶、果

**(5) 杜英**

杜英(图 3-7),学名:*Elaeocarpus decipiens*,杜英科,杜英属。

图 3-7  杜英的枝、叶、花

**（6）麻栎**

麻栎（图 3-8），学名：*Quercus acutissima*，壳斗科，栎属。

图 3-8　麻栎的枝、叶、果

**（7）桤木**

桤木（图 3-9），别名：水冬瓜树，学名：*Alnus cremastogyne*，桦木科，桤木属。

图 3-9　桤木的枝、叶、果

### （8）甜槠

甜槠（图 3-10），别名：园槠，学名：*Castanopsis eyrei*，壳斗科，栲属。

图 3-10　甜槠的枝、叶、果

### （9）细柄阿丁枫

细柄阿丁枫（图 3-11），别名：细柄蕈树、细叶枫，学名：*Altingia gracilipes*，金缕梅科，蕈树属。

图 3-11　细柄阿丁枫的枝、叶、果

**（10）锥栗**

锥栗（图 3-12），别名:珍珠栗,学名:*Castanea henryi*,壳斗科,栗属。

图 3-12 锥栗的枝、叶、果

## 2. 主要栽培原料

### （1）木屑

木屑是香菇栽培的主要原料,主要提供香菇生长的碳素营养。适宜作香菇栽培主要原料的主要是壳斗科、桦木科、金缕梅科、槭树科等树种（图 3-13）的木屑。苹果、梨等果树枝条也是香菇栽培的优良木材。安息香科、樟科等阔叶树以及松、柏等针叶树因含有抑制香菇菌丝生长和出菇的物质,在生产上不宜选用。多树种木屑混合而成的栽培原料比单一树种的产量高。

将适宜香菇栽培的木材、枝条通过专用粉碎机粉碎成颗粒状（图 3-14、图 3-15）。木屑大小多为（3～5）mm×（3～5）mm、厚 1～2mm,同时伴有部分颗粒大小为（1～2）mm×（1～2）mm、厚 1～2mm 的木屑最佳。此外,还可以掺入 30%～50% 的木制品加工的下脚料木片（图 3-16）或刨花等。锯板木屑因颗粒太小而不能单独使用,但可以按 10%～15%

**图 3-13　生产香菇用的木材**

**图 3-14　木材粉碎**

**图 3-15　粉碎后的木屑**

**图 3-16　木制品加工的下脚料木片**

的比例掺入颗粒状木屑中。刚粉碎的木屑最好堆积发酵一个星期以上再使用。

**（2）麦麸**

麦麸又称麸皮、麦皮，是香菇菌丝生长所需氮素营养的主要供给者，是袋栽香菇最主要的辅料。麦麸能促进香菇菌丝对培养基中纤维素的降解和利用，提高生物学效率。目前市售麦麸有红皮和白皮（图3-17）、大片和中粗之分，其营养成分基本相同，都可以采用。

麦麸要求新鲜、不结块、不霉变，要防止结块的

**图 3-17　白皮麦麸**

麸皮吸不透水、夹心导致的灭菌不彻底等现象发生。

由于麦麸用量大,而且没有香菇生产专用麦麸标准,因此容易被不法商贩掺假,导致出现烂棒、不出菇等生产事故,在购买麦麸时要特别注意鉴别。麦麸掺假主要有两种:一种是白皮麦麸易被掺入玉米芯粉、麦壳、麦秆粉等与麦麸相似的物质,这种掺假虽然不会导致不出菇,但会降低香菇产量。另一种是在麦麸中掺入贝壳粉等含有重金属的廉价矿粉,这种掺假会严重影响出菇,甚至导致不出菇,进而造成烂棒等重大生产事故的发生。

鉴别方法:取少量麦麸,放入盛有水的盆子等容器内,搅散后仔细观察。首先看浮在水面的麦麸是否有麦壳、麦秆粉等掺杂物。若有,就是掺假。配料时要视掺假程度适当增加麦麸的用量。其次看盆子等容器底部是否有粉状沉淀物。若有,则将沉淀物滤出,放在阳光下,如果有贝壳状闪亮的颗粒,就表明麦麸中掺入贝壳粉等矿粉,这种掺假的麦麸不宜使用,要及时与经销商联系退货。

**(3) 玉米粉**

玉米粉含有丰富的蛋白质和淀粉,营养丰富,可以代替部分麦麸,是香菇生产可选的主要辅料。在香菇培养料中替代麦麸量为2%～10%,可增加碳素、氮素等营养,增强菌丝活力,显著提高产量。经试验,替代量达10%时,香菇增产幅度在10%以上。

**(4) 棉子壳**

脱绒棉子的种皮质地松软,吸水性强,蛋白质和脂肪含量高,营养丰富,是优良的袋栽食用菌的原料,可替代杂木屑的量为10%～50%,以10%～20%最佳。适量添加棉子壳有利于提高产量,但添加过多,会降低香菇品质,使菇形和口感变差。

**(5) 糖**

生产上常使用的是红糖、蔗糖,它们作为一种双糖,适量添加有利于菌丝恢复和生长。在生产中,有用甜叶菊粉替代糖的做法,栽培效果不错。实际上,糖与甜叶菊的作用机理是不一样的,甜叶菊虽有甜味,但不含糖,起作用的是其他成分。

**(6) 石膏**

其化学名为硫酸钙,主要提供钙元素和硫元素,具有一定的缓冲作用,可调节培养料的 pH。石膏分为生石膏和熟石膏两种,熟石膏是由生石膏煅烧而成的,两种皆可使用。生石膏需粉碎成粉末使用。

**(7) 碳酸钙**

碳酸钙主要提供钙元素,能中和香菇菌丝在分解培养料过程中产生的有机酸,调节培养料的 pH。轻质碳酸钙是人工合成的,纯度高,可以使用。重质碳酸钙由天然方解石、石灰石、白垩、贝壳等直接粉碎制成,由于含有较多杂质,不宜于香菇栽培中使用。

**(8) 硫酸镁**

硫酸镁提供镁元素和硫元素。镁是一种微量元素,是某些酶的激活因子。(注意:本书建议添加的均指七水硫酸镁。)

**(9) 气雾消毒剂**

气雾消毒剂的主要成分为二氯异氰尿酸钠,用于香菇接种的空间消毒,效果好。

**(10) 塑料筒袋**

香菇菌棒生产使用的筒袋由高密度低压聚乙烯(HDPE,俗称塑料精)制作而成,筒袋白蜡状、半透明、柔而韧、抗张强度好,能耐 120℃高温。

筒袋规格为折径 15cm、长度 55cm、厚度 0.0045~0.0055cm(即 4.5~5.5 丝),每千克材料可做成 120~150 只 53~55cm 长的袋子。湖北省随州市、河南省泌阳县选用的筒袋折径为 20~24cm,河南省西峡县选用的筒袋折径为 17cm,菇农可以根据实际情况选用。

为提高菌棒生产的成活率,丽水市菇农广泛采用双袋法(筒袋加套袋)。双袋法是丽水市食用菌科技工作者发明的又一项实用新技术,即在常规筒袋装料后,套上一个薄的外袋,其作用是为菌棒接种后的菌种提供一个相对稳定、洁净的环境,对高温季节提高接种成品率具有很好的作用。套袋的折径为 17cm,厚度为 0.001cm,长度为 55cm。双袋法的内筒袋宜选稍薄一些的,一般厚度为 0.0047cm 左右,而单袋法栽培的筒袋厚度应为 0.005～0.0055cm,否则太薄易被扎破。

### 3. 培养料配置

**(1) 香菇培养料配方**

香菇培养基的配方多种多样,以下是丽水市和其他地方菇农使用较多的配方:

①常规配方:杂木屑 79%,麦麸 20%,石膏 1%。

②杂木屑 81%～83%,麦麸 16%～18%,石膏 1%,外加丰优素* 0.1%。

③桑果枝 39%,杂木屑 39%～41%,麦麸 18%～20%,石膏 1%～1.5%,硫酸镁 0.5%。

**(2) 培养料配置**

①备料。备料是香菇生产重要的一环,提前做好原料的准备可以避免临时采购原料导致质差价高而使成本增加等问题。生产每万支菌棒所需要的原料数量见表 3-2。

表 3-2　生产每万支菌棒所需要的原料数量(丽水配方、大棚模式)

| 原料名称 | 数量 | 原料名称 | 数量 |
|---|---|---|---|
| 杂木屑(干柴) | 8000kg | 塑料筒袋 | 11000～12000 只 |
| 杂木屑(湿柴) | 12500kg | 塑料套袋 | 12000 只 |
| 麦麸 | 1600～2000kg | 宽薄膜(7.5m) | 50kg(1 捆) |
| 糖 | 10～30kg | 酒精 | 3 瓶(每瓶 500mL) |
| 石膏粉 | 100～150kg | 气雾盒 | 30～100 盒 |
| 硫酸镁 | 30～50kg | 生产种 | 700～800 袋 |
| 塑料绳 | 2.5kg | 新洁尔灭 | 2 瓶 |
| 小棚膜(2.5m 宽) | 25kg | 药棉 | 2 包 |
| 小棚膜(3m 宽) | 15kg | 遮阳网(7～8m 宽) | 100m |

---

\* 丰优素是温州市青山精细化工厂开发的香菇栽培专用营养剂。

②称料。按配方要求尽可能准确称取各种原材料。实际操作中均采用体积法,即先用编织袋(购买统一的编织袋以包装木屑)或箩筐装好后用装袋机试装,得出一编织袋或一筐木屑能装的菌棒数量,然后按照生产的菌棒数量计算出需要多少袋木屑或多少箩筐木屑。麦麸用量按照一支菌棒的用量计算,如一般早期生产每支菌棒的麦麸用量为0.18~0.2kg,石膏或碳酸钙则按每1000支菌棒加10kg计算。加水量也是根据经验判断,用皮管接水源直接将水喷入料中,这样做主要是节省时间,熟练后加水量就能掌握得很恰当。

③混合。先将石膏粉、麦麸等不溶于水的辅料混合后均匀地撒到木屑上(图3-18),拌匀,再将糖、硫酸镁溶于水,混入干料拌匀即可。

图3-18　木屑、麦麸料堆

④拌料。拌料是一项耗体力的工作,应尽量采用机械拌料,如用自走式拌料机拌料(图3-19),价格不高,效率很高,反复2~3次即可。如果进行规模化生产,可以采用拌料装袋机械流水线。

⑤加水。培养料适宜的含水量为50%。一般每支标准菌棒(筒装规格为15cm×55cm)的质量为

图3-19　自走式拌料机拌料

1.6~1.8kg,高于1.8kg表明含水量偏高,低于1.6kg表明含水量偏低。菇农往往用感官测定菌棒的含水量,即用手握紧培养料,若指缝间

有水印但不滴下,松开手指,料能成团、落地即散,则表明菌棒的含水量比较合适。

⑥酸碱度调节。香菇培养料的 pH 以 5.5～6 为宜,上述香菇配方的 pH 都适宜,无需调节。气温较高时,为了防止培养料酸化,配料时应加入 0.5%～1% 的石灰。

**(3) 培养料配制应注意的几个问题**

①麦麸的用量在制袋前期以 19%～20% 为宜。笔者研究表明,香菇培养料中的麦麸含量对香菇产量影响很大,每千支菌棒的麦麸含量至少要达到 160kg,最好为 180kg,低于 160kg 时产量会受到较大的影响。

②糖的添加量不需很多,添加 0.1%～0.3% 即可,即每千支菌棒添加 1～3kg。绝大多数图书中介绍糖的添加量是 1%,而实践表明糖添加量为 1%,不仅增加成本,而且容易增加污染。丽水市莲都区的许多菇农不添加糖,而改用丰优素,这样不仅降低成本,而且降低污染率,增加产量。

③硫酸镁(七水硫酸镁)的添加量以 0.3%～0.5% 为宜,即每千支菌棒添加 3～5kg,所起的作用有别于糖,添加量不宜过大。

### 4. 装袋

**(1) 分装**

拌料结束后即可装袋,农村一家一户的生产模式一般采用简易单筒装袋机装袋(图 3-20),一台装袋机配 8 人为一组,其中铲料 1 人、套袋 1 人、装料 1 人、递袋 1 人、捆扎袋口 4 人。农户生产多采用换工形式,因而人员有时会更多。抱筒止涨螺旋装袋机(图 3-21)较简易装袋机先进,速度快,装袋轻松,适合较大规模的生产户使用。目前香菇集约化生产大量出现,装袋经常使用效率更高的成套装袋机流水线(图 3-22)。

图 3-20　简易单筒装袋机装袋

图 3-21　抱筒止涨螺旋装袋机

图 3-22　成套装袋机流水线

　　流水线只需要 10 个人，8h 可装 2 万支菌棒。装袋要松紧适宜。接种时间偏迟的菌棒，装料松的比装料紧的出菇快，冬菇产量高。

　　装袋要抢时间，最好在 5h 内完成。另外，培养料的配制量与灭菌设备应相符，日料日清，当日装完，当日灭菌。

　　**（2）扎袋口**

　　左手抓袋口，右手将袋内料压紧，清除黏附在袋口的培养料，旋转袋口收拢至紧贴培养料。扎口方法有两种：一种是用纤维绳扎口，另一

种是采用扎口机扎口。目前市场上有许多种扎口机,有手动的、电动的、台式的、立式的(图3-23)。

采用扎口机扎口必须注意:扎口机使用前必须调整好扎口后卡扣的松紧度,如果卡扣太紧,灭菌后会产生

图 3-23 立式扎口机

涨袋现象;如果卡扣太松,则容易导致扎口污染。最佳的扎口松紧度是将扎好的菌棒放入水中,用力挤压菌棒,以扎口处有小气泡断继续续地钻出水面者为最佳。

## 5. 灭菌

香菇培养料棒灭菌一般采用常压蒸汽灭菌法,即通过蒸汽炉(图3-24)加热水产生蒸汽对料棒进行加温。当料温达到100℃后需要保持12~14h,才能达到灭菌效果。通常有蒸汽炉加砖砌敞口盖膜灭菌法(图3-25)、塑料薄膜灭菌法等(图3-26)。

图 3-24 常压蒸汽炉　　　图 3-25 砖砌敞口盖膜灭菌法

图 3-26　塑料薄膜灭菌法

**（1）料棒堆叠**

料棒堆放要合理，一是堆放要确保蒸汽畅通、温度均匀，灭菌才彻底；二是防止塌棒。木灶、铁灶采用"一"字形叠法，每排间留一定的空隙，菌棒与灭菌锅四周要留出 2～3cm 的空隙。

采用塑料薄膜灭菌法时要在底部垫一层低压聚乙烯膜（质量好的大棚膜），在膜上放格栅木架作为料棒摆放的底座。料棒堆叠时，四角采用"井"字形（图 3-27），装完后盖上低压聚乙烯膜和灭菌布等，四周用绳子捆扎，底部放好进气管与蒸汽炉，将其与蒸汽出口相连，再用沙袋将罩在菌棒上的薄膜、帆布和灭菌布压实，形成一个上下膜压成的灭菌室。

图 3-27　灭菌菌棒四角"井"字形堆放

**（2）温度调控**

灭菌开始时，火力要旺，争取在最短时间内（5h以内为佳）使灶内温度上升至100℃，以防升温缓慢引起培养料内耐温的微生物继续繁殖，影响培养料质量。

应注意灭菌的料棒数量与蒸汽炉蒸汽发生量匹配，即料棒数量多，与之相配的蒸汽炉产汽量要大。灭菌过程中要保持盖膜鼓起（图3-28）。灭菌时采用"猛火攻头、稳火控中、文火保尾"的原则，同时要减少热量散发，可以在盖膜外加盖具有保温的材料，如棉被、厚地毯等。

图3-28　灭菌过程中保持盖膜鼓起

**（3）出锅冷却**

灭菌结束后，应待灶内温度在自然状态下降至80℃以下再开门，趁热用菌棒搬运车（图3-29）把料棒搬到冷却场所冷却。待料温降至28℃以下、手摸无热感时即可接种。

图3-29　菌棒搬运车

## 6. 接种

接种是香菇生产的关键环节，香菇菌棒接种方式有2种：第一种是接种箱法，第二种是开放式接种法。

**（1）接种箱法**

接种箱法（图3-30）适合新种植户使用，也可在高温季节使用。接种箱法的优点是接种成品率高，适用于高温季节；其缺点是接种速度较慢。用于料棒接种的接种箱的大小应适宜。操作步骤如下：

①接种箱清洗。在第一次使用接种箱前，用湿布将接种箱内部和外部全面擦洗干净，用气雾消毒剂等进行空箱消毒。

②袋装菌种处理。将菌

图 3-30　接种箱接种

种放入消毒药液（300 倍克霉灵等）中浸泡数分钟后取出，用锋利的刀在菌种上部 1/4 处环绕一圈，掰去上部 1/4 菌种及颈圈、棉花部分，将剩余 3/4 菌种快速放入箱内即可。

③接种箱灭菌。将灭菌冷却后的料棒搬至箱内，同时将打洞棒、菌种、酒精药棉等物品带入。用气雾消毒剂灭菌，用量为每立方米（箱）4～8g，时间为 30～40min。

④打穴接种。双手用清洁的水洗净后伸入接种箱内，用 70%～75%的酒精药棉擦洗双手后，将打穴棒（木制或铁制）擦洗消毒，并点燃酒精药棉进行烧灼灭菌。先在料棒表面均匀打 3～4 个接种穴，直径 2.0cm左右，深 2～2.5cm。打穴棒要旋转抽出，防止穴口膜与培养料脱空。接种时，取成块菌种塞入接种穴内，要求种块与穴口膜接触紧密。逐孔接好后，套好套袋、扎好袋口即可。

**（2）开放式接种法**

该方法（图 3-31）是丽水市科技人员为适应单户种植数量增加的需要，在接种箱的基础上加以改进、创新的一种实用接种法，对香菇集约化生产具有重大意义。操作步骤如下：

①料棒冷却。开放式接种

图 3-31　开放式接种打孔、塞菌种、涂胶水

法的冷却场所即为接种场所,因此冷却场所必须有相对密封、卫生条件较好的环境。若空间太大,则应挂接种帐篷(用8丝农用薄膜制成的2m×2m×2m的薄膜帐)。将已灭菌的料棒搬入接种场地,冷却过程中注意保持料棒不受或少受外界灰尘的影响。

②消毒。将菌种及其他物品放置在料棒堆上,然后将气雾消毒剂(每1000棒需4~5盒,即160~200g)点燃,并用薄膜把料棒覆盖严密,尽量不要让气雾消毒剂的烟雾逸出来,消毒时间为3~6h。

③接种前放气。开放式接种前先把房门打开,用塑料棚帐式接种的则可把帐门打开,再将覆盖料棒的薄膜掀开一部分放气,一直放到接种人员能够忍受时才可进行接种。接种时实行开门操作,以防止室内温度升高。菌种预处理、接种方法同接种箱中的操作。

**图3-32 开放式接种涂胶水、贴地膜**

④接种后的管理。对于不用套袋而采用胶水、地膜封口(图3-32)或菌种封口(也称不封口)的菌棒,应将各种残留杂物清理干净,待污浊空气排完后将薄膜重新覆盖在菌棒堆上(图3-33)。每天清晨或夜里掀膜一次,约5~7d菌种成活定植后即可去膜或去棚翻堆。实践表明,这样做可大大提高成活率。开放式接种的菌种恢复情况见图3-34。

**(3)接种环节需要注意的几个问题**

①操作人员在接种前做好个人卫生工作,洗净

**图3-33 开放式接种后盖膜及菌种恢复**

图 3-34　开放式接种菌种恢复情况

头、手,换上干净衣服。

②用于菌种封口的菌种要与接种穴膜吻合,不留间隙。接种后需把菌棒接种穴口靠紧,以防水分蒸发,并注意防止种块脱落。

③接种应避开一天中的高温时间,秋栽早期接种应在晚上至凌晨进行,最好选在静风、无雨的天气进行,这样可以提高成活率。

# (三)菌棒发菌管理

接完菌种的菌棒到脱袋期间的管理称为发菌管理。温度、氧气、光照是影响菌丝生长最主要的因素,也是菌棒发菌管理的要点。

## 1. 发菌场地的选择与发菌棚的搭建

发菌场地要求通风、干燥、光线暗,可以是闲置的空房,但要注意房间必须通风好,如大会堂、闲置的厂房、学校教室等。目前由于生产数量大,没有足够的闲置房,所以通常将发菌场地设在野外,将出菇棚和发菌棚合二为一,即外棚为遮阳棚,使用遮阳网、狼衣等材料(遮阳结构见图 3-35),具有很好的隔热、降温效果;内棚为塑料大棚(图 3-36),盖有塑料薄膜,可以避雨,四周薄膜可以掀起通风、降温,必要时在棚上设置喷水设施(图 3-37),可以较好地降低棚内温度。

图 3-35　大棚上的遮阳结构

图 3-36　塑料大棚(内棚)

图 3-37　遮阳棚顶上设置的喷水、降温设施

## 2. 菌棒的堆放

　　菌棒的堆放方式较多,其差异在于堆温、通气的调节程度不一。刚接种后的菌棒可以采用"井"字形交叉排放(图 3-38),注意接种孔要朝向侧面,不能将接种口压住,否则缺氧及水渍将导致死种。也可以采用柴片式纵向"一"字形堆放方法(图 3-39),使用这种方法时要注意含水量较多的菌棒的接种孔应朝侧面。层高一般 10 层左右,每行或每组之间留 50cm 的走道,一般 15m² 的空间可放 1200 多袋,实际堆叠的层数及数量以当时的气候环境及通风状况而定。许多培菌地方就是出菇用

的大棚。

图 3-38　三棒"井"字形排放

图 3-39　菌棒"一"字形排放

### 3. 发菌期不同阶段的管理要点

发菌期要求培养料的温度一般控制在30℃以下，空气相对湿度在70%以下，暗光，通风良好。菌棒发菌培育通常分为3个主要管理阶段。

**（1）菌丝萌发定植期（1～6d）**

接种后的第一至第三天为萌发期，第三至第六天为定植期。室温尽量控制在28～30℃，以促进菌种迅速恢复、定植占领培养基，从而提高菌棒接种成活率。菌种恢复、定植得越快，成品率就越高。早秋温度太高，可通过棚顶喷水、晚上透风来降温。经6d培养，接种穴周围可看到白色绒毛状菌丝，说明菌种已萌发、定植。

**（2）菌丝生长扩展期（7～30d）**

接种后7～10d，接种穴口菌丝直径可达2～3cm（图3-40）。早晚各通风一次，每次0.5h。10d后进行第一次翻堆，翻堆即把上下、里外、侧面的菌袋对调，并检查菌棒污染杂菌情况。一般接种后11～15d，菌丝已开始旺盛生长，接种口菌丝直径达7～10cm（图3-41），菌丝代谢旺盛，棒温因菌丝呼吸发热导致料温略高于室温，此时应加强通风。当菌丝圈相连时，可以去掉套袋，或者当菌丝发满菌棒时再脱袋。脱去套袋后应成"△"形或三棒"井"字形排放。室内培养要分批脱套袋，防止脱套袋后菌丝加速生长而导致堆温过高产生烧菌现象。对于不用套袋而采用地膜、纸胶等材料封口的菌棒，当菌丝生长缓慢时，可在菌丝内侧

2cm 的地方用细铁丝、铁钉、竹签等刺孔。接种后 21～30d,此时穴与穴之间的菌丝相连,逐渐长满全袋(图 3-42),管理上要注意适时刺孔增氧。在此段时间中,棒温高于室温 5～10℃,应注意通风降温。

图 3-40　接种后 10d 发菌情况

图 3-41　接种后 15d 发菌情况

图 3-42　接种后 25d 发菌情况

**（3）瘤状物发生期（31～50d）**

瘤状物发生期（31～50d）是香菇菌棒出菇前管理的主要阶段，主要是刺孔通气，既要为菌棒生长提供充足的氧气，又要防止菌棒烧菌（图3-43）。菌丝逐渐长满菌袋，若开始出现瘤状物，则说明菌棒缺氧，要进行刺孔增氧。第一次可用4.95cm（约1.5寸）的铁钉等物品，在接种面进行刺孔。刺孔宜浅，深度为1～1.5cm，每袋孔数为20～30个。此次刺孔为小通气，严防孔径太大、刺孔太深、孔数太多。刺孔后继续培养，菌棒开始出黄水，与袋脱离的部位开始自然转色（图3-44）。

图3-43　菌棒高温圈　　　　　　图3-44　转色阶段的菌棒

## 4. 杂菌污染及处理

不同杂菌感染的菌棒及处理方法：①若在接种后短时间内发现菌棒四周不固定的地方出现花点状霉菌，则是由于培养料灭菌不彻底造成的，应及时割袋拌入新料，再重新装袋灭菌接种。②若接种口感染绿霉（图3-45、图3-46）、青霉，则这些杂菌不仅与香菇争夺养分，还能分泌毒素使香菇菌丝自溶而死。若每袋接的4孔中有3孔未感染而1孔感染杂菌，那么菌棒靠头上的孔可继续保留；若4孔中有2孔以上感染杂菌，则应剖袋后重新制作。③对于接种口感染黄曲霉的菌棒，只要香菇菌丝萌发良好并深入料内，就可继续保留，香菇菌丝最终会覆盖黄曲霉而能正常出菇。④对于接种口感染链孢霉的菌棒（图3-47），应及时用湿布包住，从培养室内取出置于室外阴凉通风的场地或埋于土中。在通风良好的环境中,链孢霉菌丝会减退、消失,香菇菌丝能够发满全袋而正常转色、出菇,从而减少损失。若因杂菌污染需要重新装袋、灭菌的菌棒,则每棒增加成本0.7元左右。

图 3-45 绿霉污染

图 3-46 黄曲霉、绿霉混合污染

图 3-47 链孢霉污染

## （四）菌棒转色管理

### 1. 菌棒排场脱袋

脱袋是香菇栽培管理中十分关键的环节。脱袋管理包括脱袋时机的选择、脱袋后的温湿度、通风调控等管理,直接影响菌棒出菇快慢、朵形大小以及产量的高低。脱袋时机的选择是初栽者甚至老种植户都难以掌握的环节。

**（1）脱袋时机的选择**

①菌龄。菌龄是菌棒从接种经发菌培养直至脱袋的天数,同一品种

70

在相同季节接种,有相对稳定的菌龄,可以作为脱袋期选择的一个参数。具体到某一批菌棒,受菌棒发菌期间的温度、装袋松紧度、培养料配方等因素影响,菌龄也不一致。

丽水市常规季节(8月上旬~9月上旬)接种的几个栽培品种的菌龄差异较大。L808系列(168)等品种的菌龄为100~120d;939系列(9015、908)、937(庆科20)等品种的菌龄为90~120d;868的菌龄为70~80d;Cr66的菌龄为50~60d。

②菌棒生理成熟程度。由于目前袋栽香菇的品种较多,品种特性差异较大,脱袋时间以生理成熟为标志是最确切的。菌棒生理成熟的标志:多数菌棒已转色,部分菌棒出现菇蕾;菌筒质量比接种时降低15%以上;用手抓菌棒,弹性感强。

③天气。天气是影响脱袋时机选择的另一个关键因素。菌棒生理成熟只说明菌棒具备脱袋出菇的条件,若要顺利出好菇,还必须具备适宜的出菇温度、湿度等条件。如果温度、湿度等环境因子不适宜,即使菌棒生理成熟,也不能出菇,从而导致脱袋后菌皮加厚,迟迟出不了香菇,因此脱袋时的温度、湿度必须在该品种的出菇范围内。

**(2)脱袋方法**

将达到生理成熟的菌棒搬进出菇棚(图3-48),在菌棒四周均匀地刺40~60个深度为1.5~2cm的小孔,然后排放在出菇架上,再培养7~10d,以提高菌丝对新环境的适应性,促使菌丝更趋向成熟。经过7~10d的培

**图3-48　菌棒出棚**

养,方可开始脱袋。脱袋操作方法如下:

脱袋方法有多种,第一种方法为一次性脱袋法:脱袋时左手拿菌棒,右手拿刀片,在菌棒上纵向交叉划割两刀,从交叉的点开始把袋膜脱去,然后将菌棒斜靠在菇架上,用薄膜罩好。第二种方法为两次脱袋法:按脱袋要求划破膜后,将菌棒斜靠在菇架上,这样就可起到破膜增氧、促进菌棒在袋内自然转色的作用,待菇蕾形成并顶空袋膜后再脱袋。该方法适用于气温过高(超过25℃)、过低(低于12℃)的条件下及对脱袋时间掌握不熟练的栽培者。第三种方法为局部逐渐脱袋法:对于已经有菇蕾的但菌棒整体的成熟度不够的菌棒或环境条件不适宜脱袋时,可对有菇蕾的菌棒先局部割袋,让菇蕾顺利长出,没有菇蕾的部分不脱袋,等时机成熟时再脱袋。

## 2. 脱袋后的转色管理

菌棒脱袋后,进入转色管理阶段。菌棒的转色是一个十分复杂的生理过程,是袋栽香菇最特别、最关键的环节之一。转色的优劣直接影响出菇的快慢、产量的高低、香菇品质的优劣、菌棒的抗杂能力及菌棒的寿命。因此,掌握香菇转色的原理及影响因子,按照对环境的要求进行科学调控,促使菌棒正常转色,对香菇生产至关重要。

### (1) 转色过程

脱去袋膜的菌棒全面接触空气,在氧气充裕、温度适宜的条件下,未转色的部位表面长出一层洁白色、绒毛状的菌丝。在通风、适当干燥的条件下,菌棒表面的菌丝倒伏形成一层薄薄的白色菌皮。在适宜的温湿度条件下,白色菌皮分泌色素,吐出黄色水珠,菌棒由白色转为粉红色,逐步加深至红棕色、棕褐色,最后形成一层似树皮状的菌皮。

### (2) 影响转色的主要因素

①品种。品种不同,菌棒转色的生理表现也不相同。在秋栽品种中,大部分品种特别是菌龄较长的品种,如L808、939等要在转色良好后长菇,才能获得优质、高产的生产结果。

②温度。温度影响转色过程中菌棒表面菌丝的生长和色素的分泌。

转色期间温度应保持为 15～23℃,最好为 18～22℃。若高于 28℃,空气湿度降低,容易导致菌棒表面菌丝失水,影响菌棒表面菌丝的恢复;或者气生菌丝旺盛,徒长难以倒伏,影响菌皮形成;或者倒伏后形成厚菌皮,影响出菇。若低于 12℃,则菌棒表层菌丝恢复得极缓慢,不利于白色菌皮的形成,也影响菌丝生理活性,使之分泌的酱色液少,转色缓慢,颜色浅。

③湿度。湿度影响菌棒表面菌丝的生长、倒伏、色素的分泌,是影响转色的主导因素。空气湿度控制为 80%～90% 较理想,若湿度低于 80%,菌棒表面菌丝易失水,无法恢复形成菌皮。当菌棒表面菌丝恢复至 0.2cm 左右时,若保持高湿状态,则导致菌棒表面菌丝徒长、不倒伏,此时要以降低湿度为主,进行通风降湿、变温,以促使菌丝倒伏、形成白色菌皮。适宜的湿度还是菌丝分泌酱色色素的重要条件,只有在适宜的湿度下,白色菌皮才能转为粉红至红棕色菌皮。若湿度太低,则白色菌皮只能转成淡黄色而难以转成红棕色菌皮,进而将影响产量、质量及菌棒的出菇寿命。

④菌丝长势。菌棒菌丝长势直接影响菌棒表面菌丝恢复的快慢和色素分泌的多少。在菌棒培养过程中,若因缺氧、高温导致烧菌、菌棒表层菌丝受伤,则菌丝恢复很慢,菌丝代谢活力低,其转色慢,色泽差,转色后菌皮毫无光泽,有的迟迟不转色,抗杂能力很弱。一旦注水,菌棒内部菌丝极易缺氧而导致烂棒。

⑤光照。光照直接影响色素的分泌、转色的深浅。在转色过程中,要求散射光充足,直射光太强会导致菌筒表面菌丝脱水而影响转色;若光照不足,菌丝不易倒伏或倒伏很慢。此外,光照对温度和湿度产生影响,光照的控制也要与二者相结合。

⑥培养基碳氮比。培养基的氮含量直接影响菌棒的成熟时间,只有碳氮比达到一定的比例,菌丝才会由营养生长转向生殖生长。实践表明,袋栽香菇培养基的最佳碳氮比为 63.5∶1,其转色快且色泽好。若碳源过多、麦麸等氮素营养含量不足时,则菌丝生理成熟快,转色快,色泽淡,出菇快,但产量低、质量差。若氮源过多时,则导致菌丝生理成熟慢,

易徒长,菌皮厚,转色慢,出菇迟而稀少。

⑦菌龄。菌龄直接影响菌棒的生理成熟程度,影响菌丝是否由营养生长转入生殖生长,即是否进入转色出菇阶段。菌棒菌龄太短,将使菌丝仍处于营养生长阶段,脱袋后菌棒表面菌丝恢复过旺,不易倒伏,倒伏后仍会再生菌丝,使菌皮逐步加厚,从而影响第一批香菇的发生。

**(3) 管理方法**

①菌丝恢复阶段。该阶段是菌棒转色的第一步,管理的要点是通过创造适宜的温度、湿度,使脱袋后菌棒表面的菌丝及时恢复。如果温度低于12℃,表面菌丝恢复时间长,转色时间长。具体操作要领:脱袋后要及时盖严薄膜,控制湿度为85%～95%、温度为18～23℃。当温度超过25℃时,要喷水,并进行通风换气。在降低菇床温度的同时,保持菌棒表面不干燥。

②菌丝倒伏阶段。该阶段是形成菌皮的关键阶段,管理的要点是通过通风换气促使菌棒表面的绒毛菌丝倒伏,形成菌皮。当菌棒表面菌丝恢复形成白色、浓密的绒毛状菌丝时,要及时通风,每天掀膜1～2次,并结合喷水。通过降湿、变温、变湿管理,促使绒毛菌丝倒伏。

③褐色菌皮形成阶段。该阶段是转色的最后一环,是白色菌皮演变为褐色菌皮的过程。该阶段管理的要点是适当增加光照;温度控制为15～23℃,每日喷水并掀膜通风1次,通风至菌棒水珠消失后盖膜。1～2周后菌皮由白色变为红褐色至棕褐色。

**(4) 转色情况与产量、质量的关系**

同一品种的菌棒,由于转色形成的菌皮厚薄、色泽深浅的差异,其出菇的产量和菇形大小等品质有明显的差异。

①菌皮厚薄适中,呈红棕色或棕褐色,且有光泽,是转色正常的菌棒(图3-49)。其出菇疏密较匀,菇形、菇肉适中。这样的菌棒菇潮明显,冬菇和整体产量高、质量好。

图 3-49　转色正常的菌棒

②菌皮较薄,呈黄褐色或浅棕褐色、浅褐色,是转色较好的菌棒。这种菌棒第一潮菇出菇早、个数多,菇形中等偏小,菇肉偏薄,质量较好。这种菌棒冬季的产量和整体产量均高。

③菌皮较厚,呈黑褐色或深棕褐色,是转色中等的菌棒。其出菇偏迟,菇座较稀,菇形较大,肉厚,质量优,产量中等偏上,但冬菇比例较低,产量多数集中在春季。

④菌皮薄,呈灰褐色或浅褐色夹带"白斑",是转色较差的菌棒,通常是由于接种太迟或发菌过程中受到高温损伤导致的。这种菌棒往往出密而薄皮的小菇,质量差,且易遭霉菌侵染而烂棒。

⑤菌皮厚,呈深褐色或铁锈色是转色劣等的菌棒。其出菇迟而稀少,个大,若不采取特殊措施,则往往秋冬菇很少,翌年春天产量也不高。

**(5) 转色不良的原因及补救措施**

①菌棒不转色或转色太淡。原因:a.菌龄不足,菌棒仍处于菌丝生长阶段,故不转色;b.脱袋后未及时罩膜或菇床保湿条件差、脱袋时气

温高,导致空气湿度小,菌棒表面菌丝失水,难以形成菌皮;c.气温低于12℃,菌棒表面菌丝难以恢复,不能转色或转色太淡;d.遮阳物多,光照不足。

处理措施:若湿度不足,可连续喷水2～3d,每天1次,罩紧薄膜,提高保湿性能。若气温太低,可采取拉稀遮阳物,引光增温。若气温偏高,可采取喷水降温、通风降温或加盖遮阳物的方法降低温度、增加湿度。

②菌丝徒长。原因:a.湿度过大,而且菇床内温度适宜,十分有利于菌丝生长,菌丝恢复后没有及时通风换气;b.配方不合理,碳氮比失调,氮素过高导致菌丝生长过旺;c.菌龄不足,脱袋太早,菌丝尚处于营养生长的阶段,不易倒伏;d.菇场太阴,光照不足,影响菌丝由营养生长向生殖生长转变,拉长营养生长期,菌丝恢复后不易倒伏。

处理措施:菌棒表面菌丝恢复后要及时通风换气、变温、降湿,以促使菌丝倒伏;配方要科学合理,脱袋要适时。

③菌皮脱落。原因:脱袋前期缺氧,袋内成块状拱起,菌丝未达到生理成熟就脱袋,脱袋后温度突变导致菌棒表面菌丝受到刺激而缩紧,基内菌丝增生,迫使菌皮成块状脱落。

处理措施:要适时通气增氧,防止缺氧块形成。缺氧块一旦形成,要及时刺孔通气,使缺氧块倒伏。

④菌皮厚而硬、色泽深。原因:a.菌龄太短,脱袋太早,营养生长旺盛,促使菌丝恢复倒伏后内部菌丝继续生长,使菌皮加厚,色泽加深;b.制袋季节不当,菌丝已生理成熟,而外界温度适合菌丝生长,不适合原基形成,故袋内菌丝生长倒伏数回,导致菌皮厚实;c.培养基碳氮比失调,氮素过多,菌丝徒长,延期倒伏,转色后菌皮增厚;d.脱袋后菌棒表面菌丝恢复后,没及时通风换气或换气不够,导致菌丝徒长,形成的菌皮厚而硬,色泽加深。

处理措施:菌皮增厚,处理相当困难,只有通过特殊催菇方法[见"(五)出菇管理"]才能促使菇蕾形成。要做好预防工作,如适时脱袋、选好季节、按配方要求配制培养基、菌棒表面菌丝恢复后及时进行通风换气等。

## （五）出菇管理

### 1. 场地选择与菇棚搭建

场地选择直接影响香菇出菇时的温、湿、光、气等因子,如日照短的场地,菇棚内积温会少于日照时间长的,冬菇产量就会低一点。

**（1）场地选择**

选择冬季温暖(即日照时间长)、靠近活水源、地势平坦、交通方便、土壤透水及保湿性能好的田地。

**（2）菇棚搭建**

菇棚可用竹材搭建,也可借用蔬菜钢管大棚,北方可用日光温室大棚。大棚的规格有多种,现以 5m×25m 的竹棚为例介绍搭建方法。

①搭建材料为毛竹、铁丝、大棚薄膜、遮阳网。

②棚支撑点定位。在地上拉线,用石灰按每隔 60cm 定出拱篾入地点,即为大棚中柱、畦床、畦沟的位置。

③棚拱的制备。将毛竹裁成长 4.5m、宽 5～8cm 的拱篾,修整光滑后,将粗端削尖,准备 80 根;再准备 9 根长 2.6～2.8m 的立柱,以支撑大棚中轴。

④挖孔埋柱。挖好立柱入地孔及拱篾入地点,将立柱埋入土深40～50cm 并固定好,拱篾入土深 40cm,地表基部用竹竿或木条支撑牢固。

⑤棚架成形(图 3-50)。在立柱上架好横梁并用铁丝扎好后,将两边的拱篾拉向横梁,在横梁上连接并用铁丝固定好,再用 4根竹篾沿大棚纵向两列把拱篾逐根连接固定,位置为两侧 1/3 处、2/3 处。另外,在棚每端加设 2 根立柱、1 根横档,以固定棚门。在两

**图 3-50　棚架成形**

根柱之间设一块通气遮阳的物件，以防通风时棚门口的菌棒因阳光直射及通风导致失水过多。

⑥盖膜、遮阳网（图3-51）。盖上7.5m×32m的普通大棚薄膜或多功能薄膜，两侧用土块压紧，最后盖上宽6～8m、遮光率为90%的遮阳网。大棚最好是东西走向，有利于日照均匀、提高棚温。

图3-51　盖膜、遮阳网

**（3）畦床设置**

每棚菇床分三畦，两边宽0.8m，中间宽1.6m，两条畦沟（兼人行道）各宽80cm，边畦与棚膜间隔10cm。畦面有下凹和上凸两种，保湿性差的地块用凹畦，保湿性好的地块用凸畦。畦面要压实，略呈龟背形。

**（4）菇架搭建**

①竹木菇架（图3-52）。在畦面纵向按间距要求打两排立桩，桩露出地面30cm，用两条竹木绑在立桩上，作为菇架的纵向架框。两行纵向框架上每隔20cm放一条比木架长10cm的横档，用绳或铁丝固定好，供菌筒靠放。每隔1.5m设一横跨畦面的弧形竹片，用于覆

图3-52　竹料大棚及竹木菇架

盖小棚膜。

②铁丝菇架（图3-53）。铁丝菇架取材容易,制作简单,实用。在畦床上每隔2.5~3m设一高30cm左右的横档,横档上每隔20cm钉一枚铁钉,钉尾部分留在横档外面,然后用铁丝纵向拉线,经过横档时在铁钉上绕1圈,两端的铁丝绕在木桩上,敲打入地以拉紧铁丝,逐条拉好即完成。为了防止纵向铁丝拉不紧,可在纵向铁丝中加入螺丝扣。每隔1.5m设一拱形竹片。

图3-53　竹拱大棚及铁丝菇架

## 2. 塑料大棚温、湿、气、光的特点及调控方法

通过塑料温室大棚设施,可相当好地调控菇棚内的温度、湿度、空气、光照,能满足香菇生长发育对环境的需求,尤其可以较大幅度地提高冬季大棚内的温度,有效地提高冬季香菇的产量。

**(1) 温度**

白天尤其是晴天日出以后,大棚吸收太阳辐射能量多,气温迅速上升,10:00~13:00上升最快。春、夏、秋、冬每日最高温度分别为14:00、12:00~14:00、12:00~15:00、13:00~14:00;最低温度分别出现在0:30、1:00~4:00、2:00~6:00、0:30~2:00。大棚内白天的垂直气温变化是上层高、中层次之、下层最低,上下层最大相差可达 5℃ 以上。由于菌棒处于离地 40cm 以内的范围,因此要注意这个部位的温度变化,而不是以人走进去感觉到的温度变化为准,因为人所处的位置明显比菌棒的位置高。

温度调控方法:①增加太阳能吸收以提高棚温,撤去遮阳网或把遮阳网由大棚膜外移到大棚膜内,这是生产中常用的有效的增温方法。此外,还可将蒸汽发生炉产生的蒸汽通入大棚进行加温;夜间盖严薄膜、加盖遮阳保温物(草帘)等也可增加棚温。②加盖遮阳网等其他遮阳材料、在大棚外用喷水带喷水、夜间打开棚门通风可降低棚温。③白天关闭棚门、夜间打开棚门等可拉大棚中温差。

**(2)湿度**

保湿性好是塑料大棚的显著特点,大棚内湿度的变化是随着温度的变化而变化的。从一天 24h 的变化看,当早晨太阳出来以后,棚内空气相对湿度随温度升高而逐渐下降;14:00～15:00 及在气温最高的时间点,棚内的相对湿度最低;日落时,棚内相对湿度又随棚内温度下降而渐渐升高。从棚内湿度的垂直变化看,上层湿度低,中层次之,下层最高,其变化以上层最剧烈。

湿度调控方法:①喷水可直接增加空气湿度;降温可增加湿度。②减少或停止喷水可直接降底湿度;增温(不含蒸汽加温)、通风也可降湿。

**(3)空气**

通气具有增氧及调节温度、湿度的作用。当通风换气时,三大作用同时发挥,只有主次之分,不可分开,有时也相互矛盾,需要彼此协调。

空气调节方法:①通风、喷水、盖膜具有增氧、增湿、保湿的作用。②通常通风能够增氧,兼具降温、降湿的作用。

**(4)光照**

光照不仅促进菌棒转色和出菇,还能提高温度。大棚内的光照强度取决于季节、日照时间、遮阳材料、大棚薄膜的种类等多种因素,以夏季最强,春秋次之,冬季最弱。

光照强度调节方法:增加或减少甚至去掉大棚外的遮阳网等材料,

可有效地调节光照强度。

### 3. 秋菇管理

秋季是香菇出菇的黄金季节。由于香菇新上市,价格较高,而且温度等条件较适合香菇生长。同时,如果秋季香菇出得好,尤其是第一批"领头菇"出得好,就为整个生产周期香菇的高产和高效奠定了良好的基础。长江流域的秋季气候特点为秋高气爽,湿度低,日夜温差较大。原基能否顺利发生,主要取决于温差及菌筒内外的湿差是否合适;菇体形态正常与否在很大程度上取决于通风供氧的状况;菇体的色泽与光线、温度密切相关。温度、湿度与通风之间的关系相互矛盾,栽培者必须适当调节,才能获得协调的效果。

**(1) 秋季香菇管理要点**

管理要点是控高温、催蕾、防霉。一是拉大温差,刺激原基的发生和菇蕾的形成(出菇)。昼夜温差越大,越容易诱发子实体原基形成。二是保持相对湿度,此阶段最理想的相对湿度为 80%～85%。三是增加通风,减少畸形菇发生。四是适时喷水。

**(2) 催蕾**

进入大棚的菌棒,在脱袋后要及时采取温差刺激、震动刺激等方法催蕾。温差刺激的具体方法是白天关闭棚膜,棚内畦床盖上小膜,使温度上升;傍晚打开棚门,通风 1～2h,盖好畦床上的薄膜,降低棚温,使菇床温差拉大,连续 3～4d,就会有大量菇蕾发生。菇蕾形成后,要保持较为稳定的温度、湿度,并做好通风换气工作。在早晨或傍晚对菌筒喷水一次,并打开棚膜通风换气,待菌筒游离水蒸发后盖好薄膜。

对于温差刺激作用不大的菌棒,可以结合震动刺激甚至是湿差刺激催蕾。要选好时机,最好在冷空气来临之前 2～3d 采用拍打菌棒(震动)的方法,促使其出菇,注意不能震动过度,否则震动太强将导致出菇太多、菇形太小。湿差刺激是针对含水量较少的菌棒,通过注水,兼具湿差、温差刺激的作用,以促使菌棒出菇。

**（3）控高温、防霉**

秋季大棚式栽培的脱袋时间一般是 10 月下旬至 11 月，此时最高气温还接近 30℃，棚内温度可超过 30℃，而空气相对湿度低。因此，要控制高温、保持湿度。温度较高时，适当增加遮阳物，以降低光照强度。同时，增加通风时间，但通风必须与保持湿度相结合，打开棚门膜后，先喷水增加空气湿度（图 3-54），然后再通风，每天 1～2 次，每次约 0.5h。若遇高温且下雨天气，则把盖膜四周全部拉起通风，这样通过加大通风量的方式可以防止或减少霉菌侵染。

图 3-54　菇棚内喷水带喷水

若平均气温超过 23℃，则白天可以在大棚一端升起棚门膜，以降低棚温；傍晚则开启两端棚门膜，对菌棒喷水一次，然后通风 30min，待菌筒表面游离水蒸发后，再盖薄膜，这样既降低了温度、通了风、增了氧，又保持了较高的湿度。喷水量要视菇场的保水性能和天气而定。

**（4）转潮管理**

第一潮菇采收后，菌棒要养菌一段时间，以让菌丝恢复生长、积累营养，为出第二潮菇做好准备。具体方法是停止喷水、增加通风，以降低菇床湿度，减少菌棒内的水分并使菌棒内氧气增加。当采过香菇的穴位又长出白色菌丝时为养菌结束,一般为 7～10d。对于含水量较高的菌棒,要放低覆盖薄膜,以拉大温差、湿差,刺激原基形成。若菌棒较轻(为原重的 1/3～1/2),则养菌 7d 左右后注水,补充水分,以使菌棒含水量达 60% 左右,直至菌棒表面有淡黄色的水珠涌出为宜,同时再拉大温差刺激,3～4d 后就会形成第二潮菇。

**(5)菌棒补水**

补水有注水和浸水 2 种方法。注水时菌筒破损少,棒内营养不易外渗流失,水分容易控制,出菇较均匀。在栽培后期,菌棒收缩而弯曲,适宜采用浸水法补水。

补水的要领:①必须在适宜出菇的温度范围内,一般要求在 12℃以上。若温度不适宜,补水后不仅不会出菇,反而导致菌丝缺氧、死亡和烂棒。②菌棒的含水量下降超过 40% 或重量减轻 1/3～1/2 时再补水。③补水量以达到第一潮菇时菌棒重量的 95% 为宜。随着出菇潮次的增多,补水量要适当减少,否则注水太多,将导致菌棒内部缺氧、菌丝自溶、烂筒。④水要清洁。另外,在温度高的季节,补水的水温要低于菌棒的温度;在低温时,补水的水温最好高于菌棒温度。这样,温差越大,越有利于香菇的发生。⑤菌棒出菇后必须经养菌后方可注水。

**(6)菌棒局部烂棒处理**

大棚式菇床增温快、保湿好。秋季气温较高,容易形成高温、高湿的环境,易引起绿霉菌污染,导致菌棒局部霉烂。菌棒局部烂棒时多数局部发黑,流黑水,可对准污染处喷水,用水反复冲洗后连续通风几天,可以防止菌棒进一步腐烂。

## 4. 冬菇管理

冬季是香菇市场消费量最大、菇价最好的季节,如何提高冬菇产量、取得较好的生产效益是生产者最关注的问题。由于冬季气温低,菌丝新陈代谢活动弱,营养积累慢,原基分化少,出菇量不多,但子实体生长缓慢,容易形成高质量的厚菇。管理重点是采取措施提高并控制好温度,同时选择合理的催蕾方法,缩短菇蕾形成时间,增加菇蕾形成数量,从而多长菇。如果常规的拉大温差的方法(如白天盖膜、傍晚掀膜等)效果不理想,则必须采用刺激强度更大的方法。

**(1) 日照保湿催蕾法**

天气晴朗时,在阳光能照射的地方,地面垫好薄膜后把菌棒堆叠在一起,以"井"字形为好,堆高80cm,长度不限,其上盖一层稻草后,用薄膜覆盖好,每天在阳光下放置4～5h,使温度达到20～31℃。若超过31℃,要及时掀膜通风,待菌棒表面水珠晾干后再盖薄膜。这样处理后,大部分菌棒经过7～10d,就会长出大量菇蕾。待菇蕾为蚕豆大小时,再移入菇床内进行管理。日照盖膜的作用:①增加菌棒温度,提高菌丝代谢强度。②增加白天的温度,拉大日夜温差。③日照可使菌棒内部水分蒸发,为软化菌棒表皮创造了条件。④盖膜保湿会导致菌皮内短期缺氧,从而刺激原基的形成。

该催蕾法对转色太深、菌皮太厚不出菇的菌棒效果很显著。

**(2) 蒸汽催蕾法**

菌棒的叠放同日照保湿催蕾法。盖好薄膜后,点燃蒸汽发生炉,用皮管把蒸汽通入。薄膜内最好用通了节、钻了孔的竹管,可使菌堆温度均匀升高。堆温保持20～25℃,4～5h停火,连续一个星期,菌棒就会产生大量菇蕾。待菇蕾为蚕豆大小时,再移回菇床内进行管理,以加快转潮速度、提高冬菇产量。

**(3) 增加大棚温度的方法**

提高棚温是提高冬菇产量的基础条件,具体方法:①把遮阳网与大棚膜内外对调,使阳光更多地射入棚内以提高棚温。②在气温低时,把遮阳网撤掉,移入大棚内,直接覆在小拱膜上,防止太阳直射菌棒;在晴天时把遮阳网收拢,以增加透光、提高棚温,晚上再打开收拢的遮阳网,以增加保温放果。③利用加温设施,对保温性能好的菇棚进行加温,提高出菇数量。

**(4) 通风管理**

管理上结合采菇每天通风1次,每次30min。采菇后要及时喷水以保持棚内湿度,待菌筒表面游离水风干后,再盖好薄膜。撤去遮阳网的菇棚,由于棚温增加,菇柄要长一点。因此,在催菇结束时可以根据市场行情,加盖遮阳网,增加通风,以减缓香菇成熟的时间(推迟 2~3d 采摘),防止与大批量香菇上市"撞车",以获取好的收益。

### 5. 春菇管理

春天气温逐渐升高,昼夜温差大,降雨多,湿度大,是香菇出菇的高峰期,许多菌皮厚、冬天出菇少的菌棒在春天也能大量出菇。管理重点是控湿,做好通风、防霉工作,及时补充水分,抓好转潮管理,争取多出菇,后期结合补水及添加适量营养物等措施,以提高产量。

**(1) 早春管理**

春季前期气温不高,主要是做好养菌工作。由于气温还比较低,冬菇采摘及菌棒养菌结束后应及时补水,增温闷棚,促进菇蕾发生。菇蕾发生后要根据气温及时通风,一般每天通风 1 次,每次 30min,也可以结合采菇喷水、通风,视天气状况决定喷水量,直至采收。采收后及时养菌,补水催蕾。

**(2) 中、晚春管理**

随着气温回升,春季白天气温很高,晚上低,温差大,而且降雨较多,湿度大,需要降温、控湿、加强通风以防止烂棒。降温方法:①加厚遮阳网。②大棚外喷水降温。③早晚喷水、通风各 1 次,每次 30min,以达到降温、增氧、保湿的作用。采收后打开两端棚膜门养菌 3~4d,在注水时加入 0.1%尿素、0.3%过磷酸钙(或 1.5mg/kg 三十烷醇,或 0.2%磷酸二氢钾,或 0.01%~0.02%柠檬酸),以增加养分,提高产量。

## (六) 菌棒外运技术

菌棒外运技术是由丽水市莲都区菇农于 20 世纪 90 年代创造的异地出菇模式,即在丽水市制菌棒,等菌棒基本成熟后,用卡车运到上海市郊区出菇。菌棒外运是异地出菇的重要环节,其核心是在运输过程中防止出现菌棒发热导致高温烧棒的现象,确保菌棒正常出菇。

### 1. 菌棒要求

菌丝满袋后 10～20d，菌棒与菌袋间形成一定的间隙，菌皮已经形成，多数呈点状红褐色，手捏有弹性，接近生理成熟。实际上，外运的卡车内菌棒的菌龄都不一致，总有部分刚发满袋、未达到生理成熟。

### 2. 外运天气要求

气温应稳定在 15～23℃。在运输过程中，菌棒连续震动，相当于菌棒增氧的过程，导致菌丝呼吸旺盛，若气温太高，很容易产生烧菌现象；若气温低，出菇时间短，也影响出菇。因此，要选择在阴天或晴天夜晚运输，尽量避开高温和阴雨天。

### 3. 科学合理堆叠

在装车及运输过程中，菌棒受到震动，呼吸加强，堆温升高，菌丝易被烧坏。因此，在装车时采用"井"字形堆叠，留出通风口；也可采用竹制脚手架将车厢隔成两部分再装车；还可以在堆中放入打通的竹节、钻孔的竹竿通风管，把发菌彻底的菌棒装在四周，未完全发透的装在中间，以减轻烧菌现象。

### 4. 通风散热

菌棒上不能盖篷布，以利通风散热。

### 5. 车辆

要选择车况好的车辆，避免运输时间过长引起烧菌。

### 6. 卸车排场

运到场地后要及时卸车，分开堆放，加盖遮阳网等遮阳物品，并及时入棚排场。

## 7. 外运菌棒管理

有菇蕾产生的菌棒要及时脱袋，以防止在运输过程中因高温、震动大量出菇来不及脱袋而产生畸形菇或导致香菇烂在袋膜内，并要做好控温、保湿工作。

# 四、香菇半地下式栽培模式

香菇半地下式栽培模式(图 4-1)是指将香菇菌棒的大部分置于凹形的菇床架上,用薄膜保湿、可移动的草帘遮阳的香菇栽培模式。丽水市云和县梅小平等科技人员针对古田县阴棚栽培香菇模式中冬菇产量低、与粮争田、搭阴棚耗材多的弊端,于 1990 年成功发明该栽培模式。

在冬季,充分利用太阳能可增加菇床温度,明显地提高冬菇的产量,解决了菇粮争地的矛盾。用过的废菌棒还田可提高土壤肥力,实现菇稻连作,解决了连作中杂菌污染的问题。此外,省去了搭棚架的毛竹、木材、茅草等原材料和人工费用,每亩(1 亩=666.67 平方米)可节约成本近 3000 元。

图 4-1　香菇半地下式栽培模式

该项技术在丽水市莲都区、云和县、松阳县、景宁畲族自治县、缙云县,杭州市桐庐县,南京市六合区,金华市及江西省、安徽省等地大面积推广。该模式使用的品种和生产季节大致与大棚秋季栽培模式相同。

# (一)品种选择与季节安排

品种应根据市场对菇品的需求灵活选用。该模式选用的品种也随着更优品种的不断出现而发生变化。以往以早熟中温型品种为主,如L-26、Cr04等;后来改为以中熟中低温型的939、908等为主;现在多数使用中熟中高温型的L808。

由于半地下式栽培多数安排在单季水稻收割后的田块上,而且该模式冬季菇床温度较高,因此制棒、接种时间可比大田阴棚模式推迟5~20d。具体接种季节的安排还与不同的品种、不同的海拔密切相关,必须因地制宜。以丽水市为例,在海拔400m以下的地区,选8月上旬开始接种,发菌时间为100d,在11月中下旬脱袋排筒;在海拔400~800m以上的地区,选7月中旬接种,发菌时间为100d,在10月下旬脱袋排筒;在海拔800m以上的地区,应选6月中旬接种,发菌时间为100d,在9月下旬脱袋排筒。

# (二)菇场选择与菇床建造

## 1. 菇场选择

选择水稻收割后的略含沙性土壤的农田,要求水源清洁且无污染、排灌方便、空气流通、冬季日照长。

## 2. 菇床建造

### (1)田地的预处理

收割水稻后的田块,要及时翻耕土壤,然后放水淹没、浸泡(图4-2),

图 4-2　田块浸泡

必要时可以撒入石灰以增加对土壤的消毒效果,再将翻耕的土壤耙平,然后放水,作为半地下式菇床。

**(2) 菇床制作**

先在大田上用石灰或绳线划出菇床的位置,然后用锄头挖,确定畦床的位置(图 4-3),纵向为南北向,长度与田块的长度相同,宽 110～120cm,一行可排放菌棒 6～7 袋。把床内的泥土成块地铲起到两边并垒实作为走道,走道宽 40～50cm。菇床深 35～40cm,床底挖成"凹"字形,床四周拍实、拍平(图 4-4)。床底中间挖一条小水沟(图 4-5),深 5～7cm,宽 6～8cm。床底也要打实、拍平。栽培畦进水口一端要略高于出水口一端(图 4-6)。在床壁 23cm 处,每隔 25cm 横放一根竹竿或小木棒(图 4-7)使其作为菇架,这样完成半地下式栽培畦(图 4-8)的制作。在菇床两旁每隔 100cm 插一根长为 200cm 的拱形竹片,其上扎 1～3 条加固的竹片,并覆盖宽为 200cm 的塑料薄膜。用稻草扎成 200cm 长的草帘盖在东西两侧,并从南到北覆盖遮阳。注意:草帘要扎得牢固,但稻草以薄些为好。

图 4-3　定位挖畦

图 4-4　做畦

图 4-5　半地下式栽培畦中间水沟

图 4-6　半地下式栽培畦出水口

图 4-7　插横杆

图 4-8　半地下式栽培畦

## （三）菌棒生产

参见"三、香菇大棚秋季栽培模式"中"（二）菌棒制作"与"（三）菌棒发菌管理"等内容。

## （四）出菇管理

根据不同香菇品种的生长发育要求、半地下式菇床特点及温度、湿度、通气、光照的互动关系，通过灵活揭盖草帘、薄膜，充分发挥阳光、地热、水和空气等环境因子对香菇生长的作用，做好出菇管理的工作。

### 1. 出菇管理的流程

出菇管理的流程为：菌棒排场→脱袋→控温、控湿促转色（菌棒菌丝恢复→掀膜喷水→通气→菌丝倒伏→转色）→温差刺激（干湿刺激）→催蕾出菇（图4-9）→控温、控湿→采收→通风养菌→浸水、补水→重复管理至结束。

图4-9　半地下式栽培模式出菇情况

## 2. 出菇管理技术要点

### (1) 转色

当菌棒表面有 70%的瘤状物突起、有黄水产生、菌龄达 100d 左右（视品种有差异）、有少量自然菇出现时,表明香菇菌丝达到生理成熟,可排场脱袋。脱袋后温度应保持在 18～23℃,空气湿度为 85%～90%,盖紧薄膜 2～4d(具体时间视气温情况而定,气温高,时间短;气温低,时间长)。晴天温度超过 25℃时加盖草帘,南北两端可掀起通风,或拉开纵向薄膜,露出一条缝通风。脱袋后 5～6d,表面已长满一层白色的香菇菌丝时,可拉大菌筒表面的干湿差,适当地增加喷水次数,一般每天通风 1～2 次,每次 0.5h;7～8d 后菌丝局部转色,以后连续喷水 2d,每天 1～2 次,促使菌棒加快转色。

### (2) 催菇

由于半地下式菇床所具有的独特结构,菇床温度的变化幅度比一般模式大,特别是日夜温差,因此催蕾比其他模式容易。白天只需盖紧薄膜,草帘覆盖与否视温度高低而定。气温低时少遮或不遮草帘,使菇床温度升高;气温高时加盖草帘,控制菇床温度不超过 28℃。早晨或晚上气温下降时可掀膜通气,或撤去草帘让冷空气进入菇床,以进一步拉大温差,使温差达 8～10℃,连续刺激 3～5d,促进菇蕾发生。冬季可在回暖时进行补水或催菇,但春夏之交气候变暖不利于出菇,可在天气短时回寒时进行浸水催菇。总之,视不同季节的气候变化,灵活掌握,科学管理,促使菌棒多长菇、获高产。

### (3) 环境管理

根据香菇出菇对温度、湿度等因素的要求,在秋、冬、春不同季节的气候条件下,灵活利用草帘、薄膜以及浸水等措施,选择灵活的管理方法,以提高香菇的产量和质量。

①温度的调控。秋季气温较高,白天要盖好草帘,掀起菇床两端薄膜,以防温度过高;傍晚掀掉草帘和薄膜进行喷水、通风换气,待菌棒表面无水珠后重新盖好薄膜、草帘。在晚秋和冬季,气温低,早上太阳斜射

时可以掀掉草帘以提高菇床的温度,傍晚盖好草帘以增加保温效果。在春夏季节,气温上升,温度高,用草帘盖严薄膜遮住阳光,适时掀开薄膜通风、喷洒冷水以降低菇床内温度。此外,还可以在菇床的小水沟放跑马水(一边走一边喷水)降温。

②湿度的调控。半地下式菇床保湿性能好,湿度管理较为方便,只需每天通风后喷1～2次水,待菇木表面水分散发后再盖膜。气温高时早晚各喷1次;气温低时,在午后喷1次,就可保持80%～90%的空气相对湿度。菇床底部尽量保持干燥,以防菌棒着地端因过湿而霉烂。一潮菇结束后要停止喷水数天,养菌复壮,视菌棒情况(一般采摘2批菇后)及时补水。

③光照的调控。光照不仅促进菇蕾的形成、香菇的着色,而且直接影响菇床内温度、湿度的变化,半地下式菇床结构使这种影响更加明显。根据环境因子互动的关系,秋季及翌年夏季光照强,应盖严草帘,以降低菇床温度。在晚秋、冬季及早春,应减少遮阳物以提高菇床温度。

④通风管理。通风换气与温度、湿度密切相关。一般每天通风1～2次(图4-10),气温高时每天2次,时间选在早晨与晚上;气温低时每天1次,时间安排在中午。湿度大时,多换气;湿度小时,少换气。换气可与采菇、喷水结合起来,即采菇后喷水1遍,通风20～30min后再盖薄膜。冬季气温低,白天应少遮草帘,在中午气温高时喷水,夜间盖好薄膜、覆盖草帘,有利于提高菇床温度,增加冬菇产

**图4-10 半地下式栽培通风管理**

量。春、夏季温度回升快,白天应遮盖草帘,挡住阳光的照射并增加通风换气次数,以降低菇床温度。一潮菇结束后,减少喷水量,增加通风量,防止烂棒出现。菌棒休息7~10d后再注水,以提高菌棒的含水量。

⑤浸水。菌棒第二批菇结束后,含水量下降,不利于出菇,此时应通风养菌(图4-11)5~7d,再补足水分,促使下一批菇产生。半地下式菇床为下凹结构,采用注水法操作强度大且不方便,所以都采用浸水法(图4-12)。方法:将需要浸水的菌棒用铁钉板穿刺后,将菌棒堆放在菇床架上休息几天,然后将养好菌的菌棒堆放于菇架(横置的竹竿或木

图4-11　菌棒通风养菌

图4-12　菌棒浸水

条)下,保持菌棒方向与菇床平行;将进水口打开,出水口关闭;放水,将水引进菇床,水位应高至菇架上 1cm,菌棒上浮压在架下即可;菌棒含水量达到 55%～66%(达菌棒装袋时 1.8kg 左右)时,把进水口封住,挖开出水口即可。水排干后把菌棒放于菇架上,晾干表面水分后按原样摆好,并盖好薄膜催蕾。

⑥采收。香菇达八分成熟时即可采摘(图 4-13)。对于出口保鲜菇,则要在五六分成熟未开膜时采摘。采摘时,左手按住菌棒,右手大拇指与食指将香菇连同菇柄往顺时针或逆时针方向转动,从菌棒上连菇蒂一起摘下。采菇时尽量不要或少连带培养料,也不要让香菇粘上泥巴。温度高时每天采 2 次,温度低时每天采 1 次。

图 4-13　半地下式采摘香菇

# 五、香菇高温栽培模式

所谓香菇高温栽培模式,是指与常规的秋季香菇栽培错开上市集中期,在香菇供应的淡季(春末、初秋)出菇上市的香菇栽培模式。

高温香菇的出菇方式有覆土出菇方式和不覆土出菇方式,但前期的制棒、培养基本一样。

## (一) 品种选择和季节安排

### 1. 品种选择

每种栽培模式都需要有相应的栽培品种与之配套,品种的选择是香菇高温栽培的关键环节,不同的海拔选用的品种有差异,不同栽培条件和栽培方式选用的品种也有差异。品种选择的原则:一是适应温度的需求,选择高温型和中高温型品种;二是能满足市场对菇形、菇色、菇质等的要求。

根据当地的气候情况,选择相应的栽培品种。在海拔 300m 以下、气温较高处,选择耐高温、抗杂菌能力强的高温型品种,如 L9319、931、武香 1 号、L678 等;在海拔 300~500m、气温较低处,可选择菇形好、肉厚的中高温型品种,如 L9319、申香 2 号、Cr04;在海拔 500~1000m 以上处,可以选菇质特优的 L808 系列(168)等中高温型品种。

### 2. 季节安排

根据市场需求,高温香菇要求在 6 月开始出菇,也有的在越夏以后

9月开始出菇。根据生产母种、原种、栽培种、菌棒发菌转色所需的时间推算，母种选择在9～10月生产，原种选择在9～11月生产，栽培种选择在10月至翌年1月生产。菌棒选择在11月至翌年3月制作，具体时间根据海拔高低适当调节。5月中下旬排场转色出菇，在海拔高的地区，时间可提前，以免翌年1～3月气温太低，发菌缓慢，影响出菇时间。

## （二）菇场选择与菇棚搭建

### 1. 菇场选择

菇场既是出菇的场地，也是菌棒培养的场所，所以菇场要求水源充足、水质良好、水温凉爽、排灌方便、地势平坦、通风良好、交通方便；同时，要求坐西北朝东南，这样不仅日照时间短，能避开太阳西晒，而且高温时间短、日夜温差大。

### 2. 菇棚搭建

高温香菇栽培的棚架（图5-1）为平棚，棚高要求为2.3～2.5m，棚顶覆盖树枝、茅草等遮阳物，一般为"九阴一阳"。四周用稻草、茅草等围

图5-1　高温香菇栽培棚架

严,以降低菇床温度。香菇栽培畦的制作方法:在平棚内栽培畦上设遮雨薄膜棚(图 5-2),两畦为一棚,棚与棚之间留一空当,空当刚好是畦沟的上方,便于通风,利于雨水进入水沟。

图 5-2　高温香菇栽培内棚(遮雨薄膜棚)

# (三) 菌棒制作

## 1. 原材料准备

木屑以杂木为主,最好选择壳斗科、桦木科、金缕梅科等比较坚硬的木材粉碎的木屑;麦麸要求新鲜、干燥、无霉变、无虫蛀、不掺假;石膏粉选用正规的石膏粉,而非碳酸钙。此外,添加益菇粉*可以减少烂棒数量。

## 2. 菌棒配方

①杂木屑 81%,麦麸 18%,石膏 1%。
②杂木屑 74.5%,麦麸 18%,益菇粉 7%,糖 0.5%。
③杂木屑 80.5%,麦麸 18%,石膏 1%,硫酸镁 0.5%。

在高温香菇尤其是低海拔地区高温香菇栽培中,不宜掺入菌草粉等木质素含量低且易分解的原料,否则将影响菌棒安全越夏及其

*　益菇粉是以沸石粉为载体的一种新型食用菌栽培辅料,具有保肥缓释、保水、增加通透性、调节酸碱度、提供多种微量元素的作用,并可增加菌棒耐高温的能力。

寿命。

### 3. 装袋灭菌

原料按配方标准称取后,先拌匀干料,再加水,控制含水量为 50%~55%,选用 15cm×55cm×0.005cm 的低压聚乙烯袋,按常规装袋。根据制棒季节气温低、成品率高的特点,为提高生产效率,浙江省缙云县的菇农选用 15cm×60cm×0.005cm 的低压聚乙烯袋。装袋后及时入锅常压灭菌、冷却。

### 4. 接种

由于在制棒接种期气温较低,所以在培养棚中直接冷却接种,以节省搬运等人力、物力。采用帐式或开放式接种法,再用菌种封口,可取得很高的成品率。

## (四) 菌棒培养

高温香菇的菌棒生产都在 1~3 月,接种的菌棒在管理方法上与秋栽模式相比有较大差异,主要表现在温度的调控上。菌棒培养前期温度低,以增温、保温、促发菌为重点;后期气温高,要防止温度过高而引起烧菌。

### 1. 促进菌种萌发、定植

促进菌种萌发、定植的措施:一是抢温接种。菌棒在没有完全冷却(30℃)时就进行接种,这样菌丝恢复快。二是密集排放。接种后呈"一"字形墙式集中排放,高 12~14 层;或排放为"井"字形,每层 4 袋,高 10~12 层,以减少散热,然后盖上薄膜和麻袋等保温物。三是培养前期适当加温。采用炭火或木屑炉进行加温,以堆温不超过 25℃为宜。

### 2. 改变堆形、增氧管理

菌丝萌发、定植后，当菌丝直径生长达到 4～5cm 时，要进行翻堆、散堆，改墙式堆放为“井”字形堆放，高 8～10 层。菌丝直径达 8～10cm 时，视发菌情况，如有缺氧症状(发菌速度明显变慢)，就要进行增氧。措施:对有地膜封口或套袋的菌棒撤去封口地膜，或解开套袋口的绳子撤去套袋。此阶段气温不高，仍可盖薄膜、麻袋保温，注意每两天掀膜通风 1 次。

4 月后日平均气温升高至 18～20℃以上，加上菌棒的自热作用，要采取措施防止高温对菌棒的影响:撤去薄膜，改“井”字形堆放为三角形堆放，高 8～10 层，以增加菌棒空间。菌丝满袋后要进行增氧，即在接种孔的背面进行刺孔，深 1～1.5cm，数量 20～30 个。刺孔后要注意堆温，若堆温过高，要进一步散堆，以加强通气。5 月中旬后，菌棒变软，局部出现红褐色，标志菌丝逐渐成熟而转向生殖生长，即可进行排场，实行出菇管理。

## (五) 覆土栽培模式出菇管理

由于香菇高温栽培模式的出菇阶段正值高温时节，而香菇菌棒要求出菇时有较高的湿度，因此，为让菇蕾顺利生长，同时防止自身快速失水，覆土栽培能较好地满足菌棒出菇的要求，管理相对简单。

### 1. 整畦及土壤消毒

**(1) 场地消毒**

在未整畦前，清除田间杂草、秸秆，每亩撒生石灰 25kg，再翻土耙平，灌水漫过土面，让土壤浸泡 10～20d，然后排干水分，起垄做畦。

**(2) 做畦**

先用耕作层土做畦坯，高约 25～30cm，畦床宽 1.4m，中间稍高，畦间留沟宽约 40cm；再用沟土做畦至畦高 40cm，要求畦背稍凸起并压实,用甲醛100倍溶液浇畦面;最后用薄膜覆盖3～7d杀虫、杀菌。在阴棚内每3畦或2畦搭一毛竹弯弓棚,盖上薄膜至棚半腰,以防雨水溅起泥土污染香菇子实体。

## 2. 排场、脱袋与转色

排场、脱袋与转色是高温香菇栽培的关键环节。

### (1) 菌棒的排场

根据不同品种成熟所需要的菌龄,当培养期达到菌龄要求、菌棒瘤状物占整个袋面2/3并自然转色时,菌棒富有弹性,部分菌袋开始出现菇蕾,表明菌棒已生理成熟,可以排场(图5-3),也可以让菌棒在袋内全部转色后再排场。如果菌龄太短,气温高,未自然转色,则脱袋后埋土容易遭杂菌感染,出现烂棒、散棒等现象。将菌棒搬运至畦面上一袋袋依次排放,放置3～5d,让菌棒适应阴棚内的环境条件。

图5-3　香菇高温栽培菌棒排场

### (2) 脱袋

选择在阴天或晴天的早晨、傍晚脱袋,脱袋后将接种口朝下,背面喷高浓度(10%)的生石灰水,要边脱袋边覆膜以防菌筒表面失水而影响转色。

### (3) 转色管理

覆膜后2～3d,待菌棒表面恢复长出白色的绒毛状菌丝时,揭膜通风以促使菌丝倒伏。每天根据天气情况喷水 1～2 次,使菌棒干湿交替。视菌筒转色情况翻动菌棒,促使菌棒转色均匀。若因气生菌丝较旺而仍不转色(营养配比不合理等原因导致),可用 0.3%的石灰水喷 3～5 次,经 10～15d 的管理,使菌棒全部转色。

### 3. 覆土

**(1) 覆土的选择**

选择沙壤土、焦泥灰、山土为覆土材料较好,含沙量以 40%为宜,只含有细沙、黏土的土壤不宜采用。覆土需要量约为每 1000 棒 400～500kg(8～10 担)。

**(2) 覆土的处理**

覆土材料要先敲碎,过筛后加入 1%的石灰,并用 0.3%～0.5%的甲醛溶液喷入土中,覆盖薄膜 7d 进行杀菌(焦泥灰除外),然后摊开,散气备用。

**(3) 菌棒覆土**

将已转色的菌棒接种口朝上、一袋紧靠一袋分 2 行靠畦边缘排于畦面上,畦中间空余部分再排几段菌棒,使之与畦平行。将畦床两边缘的菌棒横面用泥浆封好,再将经过杀虫、杀菌的泥土覆盖在菌棒上面(图 5-4、图 5-5),用扫帚轻扫使泥土填满菌棒之间的空隙,再浇水使泥土沉实,以菌棒露出土面 3 指宽左右为宜。

**图 5-4　香菇高温栽培菌棒覆田泥土**　**图 5-5　香菇高温栽培菌棒覆黄泥土**

## 4. 出菇管理

春夏期（5～6月）的气候特征：高温、气压低、多雨、湿度大。

覆土完成后要采取加大温差、湿差的方法来刺激菇蕾的发生。具体操作方法：白天将拱棚上的薄膜放至腰间，晚上掀开薄膜，同时喷水以降低温度，使日夜温差拉大。经过3～5d的刺激，菌棒表面就会形成白色花裂痕，发育成菇蕾（图5-6，图5-7）。菇蕾形成后要增加通气量。出菇较多时，为了增加出口菇的比例，必须对菇形不完整、丛生的菇蕾尽早剔除，每袋保留5～8个。由于出菇处于高温

图5-6 香菇栽培菌棒覆黄泥土出菇情况

图5-7 香菇高温栽培菌棒覆田泥土出菇情况

期，水分蒸发大，盖膜保湿将引起高温、高湿而烂棒，所以要通过喷水、通风来降温（图5-8）。根据每天天气情况，晴天喷水2～4次，阴天喷水1～2次。在闷热干燥的天气，白天菇床不能遮薄膜，同时坚持少量多次的喷水原则。通风要安排在晚上，打开阴棚门进行通风，同时在畦沟内通过地下水井（图5-9）灌流动水（白天灌、夜间排）来降温。

图 5-8　菇棚上喷水、通风降温

图 5-9　菇棚内的地下水井

夏季气温高,香菇生长快,一定要及时采收,应在子实体 6～8 分成熟,即菌膜已破裂、菌盖少许内卷时采收,宜早不宜迟。一天采收 2～3 次,采收后要及时出售。采收时注意把菇蒂采摘干净,保持畦面清洁,防止霉菌侵染。

采完一批菇后,要进行养菌,将沟里的水放干(约需 4～5d),降低菌棒含水量,对菌棒间出现的空隙要进行补土、喷水,使菌棒与泥土接触紧密以防地蕾菇(土里长的菇)的发生。养菌完毕后,在沟里灌满水,增加地表湿度,采用喷凉水、用板或塑料拖鞋拍打等方法进行催蕾,菇蕾形成后进行出菇管理。

在早秋(8～11 月),气温由高到低,温度一般为 20～30℃,非常适合高温香菇的发生。早秋降雨少,空气湿度小,要做好补水、保湿工作。经过出菇和越夏,菌筒含水量下降,菌筒收缩,菌筒的空隙要及时覆土、浇水。用小铁钉在菌棒上刺孔,钉入深度为 0.5～1cm,同时拍打菌棒,然后通过喷水、灌满畦沟水、补充菌筒含水量、拉大温差与湿差等方式刺激菇蕾发生。3～4d 后菇蕾形成,要增加空气相对湿度,结合天气情况于每天早、中、晚喷水 2～3 次,早晚通风 2 次以控制温度,促进子实体的发育。

## 5. 越夏(7 月)管理

7 月气温高达 35～39℃,菌棒基本停止出菇,是覆土栽培的越夏期。

越夏管理的重点是降低棚温、减少菌筒含水量、加强通风、预防霉菌，让菌棒安全过夏。具体做法：加厚周围的遮阳物，气温特别高时，中午在菇棚上用喷水带（图5-10）喷水，降低整个出菇棚的温度。降低水沟的水位，保持流动水，同时减少喷水次数，以保持

图 5-10　菇棚上设置的喷水带

土壤含水量较低及菌棒表皮湿软。每天傍晚气温下降后打开阴棚门通风 1 次，出现霉菌要及时挖去感染部位并冲洗，然后用土填上，感染面积较大的要用多菌灵液连续喷浇，以防霉菌在菌棒上蔓延。

# （六）阴棚栽培模式出菇管理

该模式一般适用于夏季气温相对较低的地区，如海拔高的山区、纬度较高的北方地区。

## 1. 菇场选择与菇棚搭建

### （1）菇场选择

菇场应选择地势平坦、环境卫生、周边植被良好、通风、水源充足、水质良好、水温低、日照时间短、土质疏松的沙壤土田块。排灌方便的早稻田、无白蚁的旱地也可作为菇场。

### （2）菇棚搭建

菇棚结构与大田阴棚基本相同，但菇棚面积要大或相邻，棚高要达2.5m，棚柱间长、宽各 2.5m。在架好纵横方向的横梁后，用树枝、芦苇、狼衣、茅草等遮阳物盖在横梁上，四周用稻草、芒秆或竹丝围实，保留能用于通风的活动门，创造一个光照少、阴凉、潮湿、透气、通风的环境，尽

可能降低菇床温度。整理田块,使畦宽为 1m,走道兼水沟宽为 0.5m,把棚柱立于水沟边。将挖出的沟泥摊到畦面上,压实后成龟背形,再喷上甲醛 100 倍溶液杀虫、杀菌,然后在畦上设铁轨形的菇床架或铁丝架,便于菌棒斜靠。每隔 1.5m,用长约 2m 的竹条插入畦两边成拱形,供盖薄膜使用。

## 2. 排场与转色管理

### (1) 排场、脱袋

菌棒经过发菌管理,菌丝发育至生殖生长期,其特征是菌棒富有弹性,部分出现原基。排于菇架上的菌棒不能马上脱袋,要炼棒 5～7d,以适应环境的改变。选择在阴天或晴天的早上、傍晚进行脱袋,脱袋后要及时覆盖薄膜,边脱袋边覆盖。

### (2) 转色管理

在夏季高温期,香菇转色的好坏与菌棒的抗逆能力有关,与秋季栽培模式相比显得尤为重要。若菌棒全部转成红棕色,软硬适宜,则有利于越夏;若转色不好,太淡或部分未转色,则极易受绿霉等杂菌侵染,导致烂棒、散棒。转色管理的操作:在脱袋后的菌棒上覆盖薄膜 2～3d,通过升温、降温措施,控制菇床温度在 25℃左右,空气相对湿度在 90% 以上。观察表层菌丝恢复情况,当菌丝长出呈绒毛状后,及时去膜通气,喷水促使菌丝倒伏,要防止绒毛菌丝过长、过密,否则易转色成太厚的菌皮。每天喷水 2～3 次,早晚打开阴棚门通风 1 次,时间 30min。注意通风要与喷水相结合,以防菌筒表皮过干。经过 10～15d 的管理,菌筒即可转成红棕色。如果出现绿霉等污染,要及时挖去污染部位,喷涂 200～300 倍多菌灵或克霉灵液,待药液渗入菌棒后照常管理;也可连续用大量水冲洗霉烂部位,通过干湿交替的方法形成菌皮,防止霉烂扩散。

## 3. 出菇管理

### (1) 春夏初期出菇管理

春夏期的气候特点:前期高温,后期多雨,湿度大,气压低,因此春夏期出菇管理的重点是降低棚温、加强通气。

①催蕾。采用温差刺激法，当以后气温更高时可用拍打催蕾法和喷冷水催蕾法。温差刺激具体操作：白天将薄膜盖至菇架部位，夜间掀开薄膜，通气半小时，并喷 1 次凉水进行降温，然后盖好薄膜，以拉大温差，连续 3～5d 的温差刺激可使菌皮下的菌丝扭结形成原基继而发育成菇蕾。

②温度管理。菇蕾形成后注意控制温度，第一潮菇时阴棚内的气温不能太高，可用清凉的清水喷洒，或把凉爽水引入走道，以增湿并降低菇棚的温度。

③湿度管理。根据天气灵活掌握喷水方式，阴雨天可不喷水，晴天早晚通风、喷水各 1 次，为子实体生长创造一个温度较低、空气相对湿度适宜、通气良好的生长环境。

④通风管理。晴天每天掀薄膜通风 2～3 次，每次 20～30min。热天在早晚通风，以减少热空气进入菇棚，通气时注意与喷水相结合。雨天要加大通气量，以防高温、高湿、缺氧导致霉菌大量滋生。

⑤香菇采后管理。采收后停止喷水 3～4d。菌棒含水量下降较大时要及时补水，补水可采用浸水法或注水法。浸水法是用铁钉在菌棒两端各打 1 个深 5cm 的孔，菌棒表面打 10～12 个 2cm 深的孔，然后叠放在畦边的水沟中浸水 10～12h，菌棒吸水至接近发菌初期重量时捞起，放回菇床架上。注水法就是用注水针直接插入菌棒一端注入清水。

补水后 3～5d 形成第二潮菇蕾。若进入梅雨季节，管理重点是控制温度，防高温，做好通气、增氧、防霉工作。阴天撤掉盖膜，全天透气（不开棚门）并适当喷水以保持较高的空气相对湿度；雨天要盖膜至菇架上部，防止雨水直淋菌棒，不喷水，打开棚门全天通气；晴天掀掉两头薄膜透气，每天喷水 3～5 次，起到保湿、降温、增氧的作用。

**（2）早秋期出菇管理**

补水催蕾环节与春夏初期相同，但温度、湿度的调节应根据天气变化灵活进行。早秋时的温度仍然较高，菇蕾形成后要注意降温，并结合保湿、通风进行。此外，早秋降雨少，湿度相当低，要做好保湿工作，具体做法:提高畦沟的水位,增加喷水次数,晴天每天早、中、晚各喷水 1 次,以降低温度、增加湿度。雨天则少喷或不喷水。

通风要选择在气温低的早晨和晚上进行,以满足降温、增氧的要求,每天通风 1～2 次,每次 0.5～1h。

采收后要加大通气量,以降低菌棒的含水量。养菌 5～7d 后重新补水催蕾,进行出菇管理,一直管理到 11 月结束。

### 4. 越夏管理

夏季气温高达 36～38℃,是全年温度最高的时期,高温时香菇无法发生。越夏期的管理原则:降低棚温,降低菌棒的含水量,适时通风、喷水。

**(1) 温度管理**

棚温应降到 32℃以下。为减少菇床高温时间,可加厚棚顶遮阳物,特别是朝西部位加严围栏,同时加速引入畦沟的水流,通过空间喷水降低温度。

**(2) 湿度**

每天向菌棒喷水 1～2 次,防止菌棒干死。每次喷水量不宜大,只需保持菌筒表皮湿润即可。注意:通风量大时多喷水,通风量小时少喷水。

**(3) 通风**

通风应与降温相结合。选择在气温低的早晚通风,棚外温度比棚内低时,打开阴棚门。通风的同时还要适量喷水,以保持一定的空间湿度。

# 六、高棚层架栽培花厚菇模式

高棚层架栽培花厚菇模式（图 6-1），就是将香菇菌棒平置于室外高棚内的多层培养架上，采用人工催蕾、利用风和光照催花、不脱袋保水、割袋选蕾出菇、催蕾催花等技术进行分阶段管理的一整套花厚菇培育模式。该模式具有菇棚土地利用率高、栽培环境温度与湿度易控制、优质菇（图 6-2）比例高（花厚菇率达 65% 以上）等优点，经济、社会、生态效益显著，为目前全国应用较多的代料香菇栽培模式。

图 6-1　高棚层架栽培花厚菇模式

图 6-2 　 高棚层架栽培的花厚菇(优质菇)

# （一）品种选择与季节安排

## 1. 栽培季节

花菇栽培安排在 2～7 月接种，10 月至翌年 3 月出菇。生产上应根据当地海拔、气候条件特点和选用的品种特性，合理安排。

## 2. 花菇的主栽品种

目前生产上常用的花菇品种主要有 939（9015）、937（庆科 20）、135-5，丽水市云和县、景宁畲族自治县等地开始大量使用 L808 等新品种，取得了很好的效益。丽水市香菇层架式主要栽培品种的技术参数和栽培特性见表 6-1。

名菇高效栽培技术丛书

**表 6-1　丽水市香菇层架式主要栽培品种的技术参数和栽培特性**

| 品种 | | 939（9015） | 937（庆科 20） | 135-5 |
|---|---|---|---|---|
| 类型 | | 中熟中低温型品种 | 中熟中低温型品种 | 晚熟中低温型品种 |
| 菌龄/d | | 90～150 | 90～150 | 200 左右 |
| 接种期 | 600m 以上 | 2 月上旬～3 月中旬 | 3～7 月 | 2 月上旬～3 月上旬 |
| | 600m 以下 | 4 月中旬～6 月下旬 | 2～6 月 | 3 月上旬～4 月上旬 |
| 发菌适温 | | 5～32℃，最适 24～26℃ | 5～32℃，最适 24～26℃ | 5～30℃，最适 24～26℃ |
| 出菇适温 | | 8～20℃，最适 14～18℃ | 8～20℃，最适 14～18℃ | 6～18℃，最适 7～15℃ |
| 抗逆性 | | 强 | 强 | 弱 |
| $\omega_{木屑}:\omega_{麦麸}:\omega_{石膏}:\omega_{糖}$ | | 75：23：1：1 | 73：25：1：1 | 83：15：1：1 |
| 麦麸用量/（kg/袋） | | 0.20 | 0.22 | 0.14 |
| 装袋湿重/（kg/袋） | | 1.9～2.2 | 1.9～2.2 | 1.7～1.8 |
| 出菇时适重/（kg/袋） | | 1.5～1.8 | 1.5～1.8 | 1.4～1.5 |
| 转色要求 | | 光线适中、转色全面，转为棕褐色 | 光线适中、转色全面，转为棕褐色 | 光线较弱、转色至虎斑状、淡褐色 |
| 进棚排场时间 | | 5～6 月，或始菇期的 15d 前，20℃以上 | 5～6 月，或始菇期的 15d 前，20℃以上 | 5～6 月，或始菇期的 10d 前 |
| 催蕾措施 | | 震动、温差、补水 | 震动、温差、补水 | 温差、补水 |

注：ω 表示质量分数。

# （二）菇场选择与菇棚搭建

## 1.栽培场地要求

花菇栽培环境宜选择空气相对湿度较低、雾气少、光照充足、通风良好、近水源、排水性好、地势平坦之地。菇棚坐北朝南，呈东西走向搭建，要具备抵御风吹雪压的能力，棚顶覆盖物和四周遮阳物要便于调节，以利于创造适宜香菇生长发育的环境条件。出菇场所应选择不受污染源影响或污染物含量在允许范围之内、生态环境良好的区域，其出菇管理用水、土壤质量、空气质量要达到无公害标准。

## 2. 菇棚构造

菇棚（图 6-3）由遮阳高棚（外棚）和拱形塑料大棚（内棚）组成，外棚由水泥柱、竹木等原料搭成，柱高 3.4～3.6m，柱长 4m，柱间距 3～4m，遮阳物由竹尾、芒萁、树枝、杂草混合而成，提倡种植攀缘绿色植物遮阳。内层架由木柱、竹条、木条等搭成，顶部为拱形，离地面高 2.6～2.8m，层架高 2m，设 6 层，层距 30cm。菇棚分单体式和双体式两种。

图 6-3　高棚层架栽培花厚菇模式的菇棚

## （三）菌棒生产

### 1. 培养料制备

杂木屑要求用优质阔叶树的枝条粉碎而成，细度为 2～5mm，新鲜，无霉烂，无结块；麦麸要求优质、新鲜、干燥，没有结块、霉变、虫蛀、掺假现象；石膏粉要求选用优质、纯度高、没有掺假的石膏粉。

### 2. 菌棒制作

**（1）拌料**

原料与辅料充分混合均匀，干料与湿料搅拌均匀，酸碱度适宜。

**（2）装袋**

培养料配制完成后，应及时装袋，要做到当天拌料、当天装袋灭菌。栽培筒袋一般采用规格为 15cm×55cm×0.005cm 的聚乙烯折角筒袋，每袋装干料 0.85～0.9kg，加水后湿料为 1.6～2.0kg，袋口要清理干净并扎紧。

**（3）灭菌**

采用常压蒸汽灭菌，料温达 97～100℃的状态下保持 12～16h，即可彻底灭菌。

**（4）冷却**

灭菌结束后，待锅内温度自然降至 50～60℃时，方可趁热把料棒搬到冷却场地冷却。冷却 24～48h 后，料温降到自然温度，用手摸无热感时即可在接种室或接种箱中接种（图6-4）。

**图 6-4　菌棒冷却接种**

**(5) 接种**

接种主要包括消毒、打穴接种和封口三大过程。

①消毒。接种室、接种箱的空间消毒主要选用气雾消毒盒,消毒时间为 30～40min。接种用具、菌袋外表及接种者双手采用 70%～75%的酒精或 0.2%的高锰酸钾溶液擦洗消毒。

②打穴接种。在菌棒上用接种打孔棒均匀地打 3 个接种穴,直径 1.5cm 左右,深 2～2.5cm。打穴要与接种相配合,打一穴,接一穴。接种时可用常规木屑菌种,也可采用胶囊菌种(图 6-5)。

图 6-5　胶囊菌种接种

③封口。接种穴采用纸胶、套袋等材料封口。

## 3. 培菌管理

接种后的菌棒移至清洁、干燥、适温、通风、避光的培养场所进行培菌管理。培菌管理主要根据菌丝生长和菌棒的变化情况,做好刺孔通气、控温、翻堆及发菌检查、通风降温等工作。

**(1) 适温培菌**

菌丝一般在自然温度下发菌。当温度在 5℃以下时,要采取必要的加温、保温措施。当温度高于 25℃时,及时散堆、降温。

**（2）翻堆及发菌检查**

待菌丝长到直径 6～8cm 大小时再进行翻堆，不宜过早翻堆，以防菌种块脱落、培养料与袋壁分离而导致杂菌感染。翻堆后的菌棒改"井"字形或多角形堆放，堆高由原来的十几层降低为 6～8 层，堆间要留空隙，每两行堆间留一条操作道，以利散热、降温和操作管理。

**（3）刺孔通气**

对于接种穴封口的菌棒，当菌丝生长至直径 6～8cm 时进行第一次刺孔通气；而对于接种孔没有封口或用套袋封口的菌棒，一般可在接种穴一面菌丝连接在一起时进行第一次刺孔通气。刺孔方法：用约 5cm（1.5 寸）长的铁钉或竹签在每个接种孔的菌丝生长末端以内 2cm 处刺一圈孔，孔数 6～8 个。在菌丝长满全袋后约一周时，选择在温度为 20～25℃的晴天进行第二次刺孔通气。刺孔数量和深度可根据实际情况灵活掌握。

每次刺孔通气后都必须及时散堆，并加强通风散热，避免烧堆。室温达 28℃以上时，不宜刺孔透气。

**（4）通风降温**

一般要求每天通风 1～2 次。气温在 25℃以上时，必须昼夜打开门窗降温，有时还必须进行强制通风。此外，培菌室一般应保持弱光条件，严禁阳光直射菌棒。

**（5）转色管理**

转色管理的主要技术措施是刺孔通气、翻堆以及给予适当的光照。刺孔通气能增加袋内的氧气量，促进气生菌丝的生长。翻堆、调整菌棒的堆叠方式可促进香菇均匀转色，同时还需根据转色的进度及气温的变化情况调节光照。

在出菇季节来临之前，要根据香菇品种的特性做好菌丝生长发育阶段的管理工作，促使菌棒正常转色。在刺孔通气的过程中，偏重的菌棒要适当增加刺孔通气量，有利于菌棒中多余的水分散失；偏轻的菌棒要相应减少刺孔通气量，以免菌棒水分散失太多影响正常出菇。另外，不同香菇品种对转色的要求也有一定的差异，如 241-4、939 等品种要求菌棒全面转色至棕褐色为宜,而135-5则要求转色较薄、菌皮以褐白相间为宜,否则转色太厚不利于正常出菇。因此,135-5在培菌阶段应适当控制培养室的光照强度。

**(6) 越夏管理**

从6月开始至10月出菇之前的这一段时间称为越夏期,通风降温、防止烂棒是越夏管理的主要工作。室外菇棚是最理想的越夏场所,菌棒移至室外菇棚越夏的时间以五六月为宜。菌棒经最后一次刺孔通气后约一周即可进棚。菌棒进棚前,要全面加厚棚顶部及四周遮阳物,确保无直射的阳光进棚,并对菇棚进行全面地清扫,做好消毒、灭菌、杀虫的工作。

菌棒进场越夏后要定期、定点观察,发现烂棒应及时移出菇棚。高温期要通过外棚喷水、内棚灌跑马水等措施调节棚内温度,同时加强通风,避免棚内温度过高。雨后要及时排除积水,防止菌棒受淹。

# (四) 出菇管理

高棚层架栽培模式主要有脱袋栽培普通菇和不脱袋栽培花厚菇两种模式,这两种栽培模式在菌棒制作、培菌、转色管理以及催蕾措施等方面相同或相近,主要差别是在出菇管理的环节上。现将这两种模式的出菇管理技术分述如下:

## 1. 排场上架

在室外菇棚越夏的菌棒,6月前已进棚上架;在室内越夏的菌棒要根据不同品种适时排场上架(图6-6)。

939菌棒排场上架宜早,在始菇期来临之前一个月排场上架。

图6-6 菌棒排场上架

135-5 菌棒排场上架宜迟,在 20℃有零星菇蕾发生后可排场上架。

## 2. 菌棒的水分管理

培养料中适宜的含水量是香菇正常生长发育的重要条件,含水量过高或过低都将影响正常出菇。出菇时菌棒适宜的重量因品种而异,如 241-4 出菇时菌棒适重为 1.4～1.5kg/袋,937 和 939 的适重为 1.5～1.6kg/袋,135-5 的适重为 1.3～1.4kg/袋。如果出菇时偏重,可再进行一次刺孔通气、排湿;如果菌棒偏轻,应及时补水。补水要求用水温低于气温 5～10℃的清洁水。为了保持适当的含水量,补水量不宜过多,第二次补水后菌棒重量应逐渐递减 0.15～0.20kg。

补水措施有浸水和滴灌注水两种。由于注水补水法常因压力过大而损伤菌丝和菌棒,因此在生产中提倡浸水补水法。

## 3. 催蕾措施

①温差刺激法。白天将菇棚内塑料薄膜盖紧,使温度升高至 20℃左右,夜间掀开薄膜,让温度降低,人为地拉大昼夜温差进行催蕾。

②湿差(补水)刺激法。对水分偏低的菌棒进行浸水或注水,补水一般要求水温低于菌棒温度 5～10℃,同时起到湿差刺激与温差刺激的作用。

③震动催蕾法。震动拍打菌棒可达到催蕾的目的,此法最适用于 939 等品种。在实际操作时不可过重拍打,以免出现量多、菇小的现象。

④叠堆盖膜法。在低温季节,将菌棒移至棚外阳光充足处叠堆盖膜,白天使堆内温度升至 20℃左右;夜间掀膜降温,经连续 3～5d 的处理可刺激菇蕾发生。

上述各种催蕾方法适用于各香菇品种,在生产实际中一般结合使用。

## 4. 适时割袋、合理密植

当菇蕾直径长至 1～1.5cm 时进行第一次优选,每袋菌棒择优保留

8～10 只菇蕾。用锋利的小刀片切割菇蕾四周的薄膜(图 6-7),保留 1/4 薄膜不割断,让菇蕾从割口长出,并剔除多余的菇蕾。当菇蕾直径长至 2～3cm 时,再进行第二次优选,每袋保留大小相近、分布合理的 6～8 只菇蕾。

图 6-7　切割菇蕾四周的薄膜

### 5. 保湿幼菇

刚割袋的菇蕾和直径小于 2～3cm 的幼菇尚处于十分幼嫩的阶段,要求盖膜保湿,菇棚内保持 75%～85% 的空气相对湿度才能确保其正常生长发育。

### 6. 催花管理

当菇蕾培育至直径 2～3cm 大小时,加强通风,调节空气相对湿度至 55%～65%,进行催花管理。

### 7. 春菇管理

菌棒经过冬季花菇培育,养分消耗很多,菌棒收缩,外层筒袋因割口挑蕾变得"千疮百孔",而且南方春季多雨,空气相对湿度较高,较难培育出好的花菇。因此,到了春季可脱掉筒袋转入普通香菇的培育管理。早春要注意保温、控湿和适当地通风换气;晚春要严防高温,加强通风降温。适当控制空气相对湿度,加强通风,可生产出比较好的厚菇。

# （五）采收管理

香菇子实体发育至适期时,即可适时采摘。若不及时采收,菌肉变薄,色泽由深变浅,菌柄纤维素增多,则质量变差。一般而言,菌盖展开6～9 分的时候是采收的适宜期。为了提高经济效益,在适宜的采收期内,应按鲜售和干制的不同要求、不同标准采摘。

## 1. 鲜售香菇的采摘标准

当菇盖色泽从深开始变浅时,菇盖全部展开,边缘尚有少许内卷,菌褶已完全伸长,孢子已开始正常地弹射,即菌盖有 8～9 分展开时,是鲜售菇采摘(图 6-8)的最适期。此时菇肉质地结实,分量较重,外形美观。

图 6-8  采收的新鲜花菇

## 2. 采摘方法

采摘时用大拇指和食指捏住菇柄基部,轻轻地将基部旋转拧下。采摘时应注意2个问题:一是不要损伤菌盖、菌褶。二是发现有残断的菇柄及死菇时,要随时用小刀将其挖干净,以防腐烂而招引霉菌。

# 七、香菇的保鲜与烘干

## （一）香菇贮藏保鲜原理

### 1. 控制贮藏温度

采收后的香菇立即预冷后入冷库，将鲜菇放置在较低的温度下贮藏,对香菇保鲜有以下三方面的作用:一是能明显地减弱香菇的呼吸强度。因为在一定的温度范围内,温度升高,生命体的呼吸强度加大,失重也快。二是能显著减缓引起香菇褐变和腐败的酶促化学反应。三是在低温条件下,各种微生物的活动能力也减弱,从而延缓腐败。

注意：低温贮藏并不是温度越低越好，最合适的贮藏温度是 $1\sim2℃$。绝对不能低于 $0℃$。若低于冰点,部分菇体冻结,菇体细胞被破坏,则解冻后会加快褐变和腐败过程,菇体的质量也会受到破坏。

### 2. 控制、调节气体环境

采摘后的香菇仍存在呼吸作用,即吸收空气中的氧,排出二氧化碳和水,所以气体中的氧和二氧化碳与其生命活动密切相关。

### 3. 防止水分散失

香菇在贮藏中失水过快,会失去饱满的外观并减轻重量。防止水分散失的措施:一是降低贮藏温度,可防止水分过快蒸发。二是增加空气的相对湿度,可防止水分散失过快。若一般固体周围空气流速控制在

0.5m/s,则空气的相对湿度控制在85%～90%。三是采用适宜的包装。选用的包装材料既要具有很好的渗透性来满足最低的呼吸需要,又要防止水分过快蒸发。用特制的塑料薄膜覆盖香菇,具有较好的效果。

# (二)香菇贮藏保鲜方法

## 1. 冷藏保鲜法

冷藏可以用冷柜、冷库、冷藏车等保鲜。香菇的冷藏保鲜与运输常选用后两者。

冷柜容量小,零星散户、产量不大者、贮藏量不大者可以购买使用。冷库有别于0℃以下的低温冷库,用于香菇冷藏保鲜的冷库温度在2～5℃,这种温度在冰点以上的冷库习惯称之为"高温冷库",容量在几吨到几十吨不等。香菇产地分散,为了及时入库保鲜,以选用小型冷库为宜。冷藏车主要用于鲜菇运输。

由于冷库投资较大,应用受到一定的限制。根据山区特点和菇农的生产实际需要,以下介绍几种冷藏保鲜方法:

①气调降温保鲜法。将鲜菇运至有空调设备的小房内,迅速降温至20℃以下,以延长保鲜期,6℃可保鲜4d,可用于1小时内不能运走或加工的鲜菇的短期保鲜。

②短期休眠法。鲜菇采摘后于20℃下置放12h,再放置在1℃冷风中处理24h,使鲜菇暂时处于休眠状态,然后于20℃贮运,可保鲜4～5d。此法适用于有制冷条件而无冷库和冷藏车的产区。

③冰箱、冷柜贮藏保鲜法。将鲜菇装入聚乙烯塑料袋内,置于6℃冷柜中存放,可保鲜13～14d;置于1℃冷柜中,可保鲜18d。

## 2. 气调贮藏法

气调贮藏也称"CA贮藏",它是在密封的贮藏系统内控制氧和二氧化碳的浓度,使其在较小的范围内变化的一种保鲜技术。若将冷藏和气调贮藏两种方法结合在一起,即在冷藏库中增加气调设施,同时控制贮藏系统内的温度、湿度和气体成分,则保鲜效果更好,被称为"气调冷库保鲜法"。

### 3. 减压冷藏法

减压冷藏是指把一般的冷藏库经密封处理后,增加真空泵、调温调湿机和通风装置等有关设备,即建成减压冷藏库。库中的空气压力、温度、湿度和通风可进行精确控制,从而取得显著的保鲜效果。它与气调冷库保鲜不同,因为它在减压系统中不需要供应其他气体。减压系统能很快速地排除贮藏于鲜菇中的田间热和呼吸热,使全部贮藏物能保持一致的温度。减压系统操作灵活、使用方便,只需按实际需要调节开关,必要时可随时打开库门进行检查。

### 4. 薄膜包装法

鲜菇经薄膜包装后,由于呼吸耗氧而释放出二氧化碳和其他挥发物,故包装内部的气体(氧和二氧化碳)达到平衡浓度后形成一种稳定的状态。薄膜包装法是一种简便的气调保鲜法,具有材料易得、保存方便、费用低、卫生、美观等特点,袋面还可印刷商标说明,以提高商品的价值,现已广泛用于鲜菇的贮藏、运输和零售等各个冷藏环节。薄膜材料以低密度聚乙烯(PE)为宜,厚度为 $40\sim70\mu m$,以 $70\mu m$ 的保鲜效果最好。

### 5. 速冻保鲜法

香菇的速冻保鲜是随着果蔬速冻技术发展而来的,它能最大限度地保持香菇的新鲜度、风味、色泽和营养成分,深受人们的喜爱,但设备投资较大。香菇的速冻保鲜原理同其他果蔬保鲜原理一样,即利用制冷设备创造 $-38\sim-35℃$ 的低温环境,使香菇在很短的时间内迅速越过最大冰晶生成带($-5\sim-1℃$),从而达到保鲜的目的。在这种条件下,香菇细胞内的游离水同时冻结为无数分布均匀的微小晶体,这种均匀的分布和香菇天然的液体水分布相近,不损伤细胞组织。在解冻时,冰晶体融化的水分能迅速被细胞吸收,恢复原状,不会像慢速降温那样在最大冰晶生成带由于水分子排列生成大的冰晶从而导致细胞体积膨胀并破裂脱水、蛋白质变性、胶体结构发生不可逆的变化等。

## (三) 鲜菇外运、销售简易保鲜技术

鲜菇外运、销售简易保鲜技术是实现鲜菇远距离、低成本运输与销售的关键技术,技术流程包括:香菇挑选、剪柄→称重→装袋→抽空气→扎袋口→装箱→封箱。

### 1. 选菇、剪柄

根据收购的鲜香菇大小、厚薄、成熟度进行挑选、分级、剪柄(图 7-1),再装入不同的塑料周转箱。

图 7-1　香菇挑选、剪柄

### 2. 称重

将挑选、剪柄后的香菇进行称重(图 7-2)。一般每袋 2.5kg,或按经销商要求的重量称重。

图7-2 称重

## 3. 装袋

将称重完毕的香菇装入香菇包装专用的塑料袋并封袋（图7-3、图7-4）。

图7-3 香菇装袋

图7-4 香菇封袋

## 4. 抽空气

将装入香菇的塑料袋口扭转，然后将吸尘器的吸入口插入扭转的袋口中，启动开关，抽去袋内空气（图7-5）后扎紧袋口（图7-6）。

图 7-5　抽去袋内空气　　　　图 7-6　扎紧袋口

## 5. 装箱、封箱

　　将已装袋、扎口的香菇装入纸箱。一个香烟箱可装 2 袋 2.5kg 的香菇,装满后用胶带封口(图 7-7)。

图 7-7　装箱、封箱

## （四）香菇烘干技术

### 1. 剪柄

将采收后的香菇剪除菇根，留菇柄长 1～2cm，再分拣出花菇、厚菇、薄菇（图 7-8），然后按品种与不同大小摆放到烘筛上，在阳光下暴晒 2～3h，以去除部分水分。摆放时应使菌盖朝下，菌柄朝上，摆匀放正，不可重叠、积压，以防伤菇而影响质量。香菇采收后 6h 以内必须烘烤。如果有冷藏条件，保存时间可适当延长。

图 7-8　香菇剪柄、分级

### 2. 晾晒

晾晒是最古老的干制方法，不需要特殊设备，不需要能耗，简单易行。具体方法：把整理好的鲜菇的菌褶面朝上放在竹席或竹筛上，置于太阳下晾晒（图 7-9）；或用线穿过香菇的菌柄，一个个串起来，挂在太阳下晒干。晒干的香菇菌盖容易反翘，无光泽，无香味，又受天气的限制，因此现在几乎没有人采用。

图 7-9　分级、剪柄后晾晒

打算要晒干的香菇在采收前 2～3d 停止向菇体喷水，以免造成鲜菇含水量过大。菇体七八分成熟时，即菌膜刚破裂、菌盖边缘向内卷呈铜锣状时，应及时采收。最好在晴天采收，采收后用不锈钢剪刀剪去柄基，并根据菌盖大小、厚度、含水量进行分类，将菌褶朝上摊放在苇席或竹帘上，置于阳光下晒干，一般要晒 3d 左右才可以达到足干的要求。香菇晒干方法简单、成本低，但在晒干前期，菇体内酶等活性物质不能马上失去活性，存有一定的"后熟"作用，影响商品质量。若遇阴雨天，就更难晒出合格的商品菇。另外，晒干的香菇不如烘干的香菇香味浓郁，对商品价值有所影响。

## 3. 烘干

香菇烘干技术非常重要，它对香菇的形状、色泽、香味起关键作用。烘干必须用烘干机（图 7-10）才能保证烘干质量。烘干时将不同大小、厚薄、干湿的香菇分开，菇柄向上平放在烘筛上（图7-11），含水量小的、厚的菇放底层，含水量大的、薄的放上层。含水量大的鲜菇，可以将菇面向上在太阳下晒 1～2h 后，再放入烘干机烘干（图7-12）。

图 7-10　简易烘干机

图 7-11  香菇平放于烘筛上

图 7-12  放入烘干机

**（1）初步烘干期**

起烘温度不能过高或过低，应掌握在 35℃为宜，这时进气孔和排气孔都要全部打开，回温孔关闭，烘干 3～4h。一般每小时升高 1～2℃，使温度逐步升至 40℃左右。

**（2）恒速烘干期**

烘干 4～5h 以后，温度要逐渐升至 50℃左右，每小时升高 2℃左右，进气孔和排气孔关闭 1/3，此阶段一般烘干 3～4h。

**（3）烘干期**

烘干 8～9h 时，温度要逐渐升高到 55～60℃，这时进气孔和排气孔要关闭 1/2，回温孔开启 1/2，此阶段一般烘干 1～2h。

**（4）完全烘干期**

最后 1 个小时，温度应控制在 60～65℃，进气孔和排气孔全部关闭，回温孔全部打开，使热空气上下循环，从而保证菌褶淡黄色并增加香气。烘干后的香菇见图 7-13。

图 7-13  烘干后的香菇

香菇完全烘干后,进行分级挑选(图7-14)。

图 7-14　干香菇分级挑选

## 4. 烘干过程中的注意事项

①升温与降温不应过快,只能逐渐增减,否则菇盖起皱,影响质量。

②最高温度不能超过 65℃,否则易烧焦。

③菇面呈白色或灰白色的菇,可以把菇面向上平放在菇筛上,用干净的喷雾器均匀地轻喷清水于干菇面上(不能喷在菌褶上),再放进烘干房,关闭门窗,闷 30min 再进行正常烘干。1 次不行可进行 2～3 次,这样可使菇面颜色一致。

④若并筛,则一定要在 5 个小时以后迅速进行。

⑤烘干后的香菇要及时用专用塑料袋包装(图 7-15),扎紧袋口(图 7-16),低温、干燥、避光保存。

图 7-15　烘干香菇装入专用袋

图 7-16　烘干后扎紧袋口

# 八、香菇生产加工机械

香菇生产加工机械是伴随香菇产业的发展而发展起来的，特别是近年来香菇生产由一家一户的生产方式向集约化、机械化、工业化的生产方式快速转变，机械成为扩大生产规模、提高生产效率、降低成本最直接、最根本的因素。下面介绍的香菇生产加工机械以浙江省庆元县菇星节能机械有限公司、浙江（龙泉）菇源自动化设备有限公司生产的系列产品为例。

## （一）粉碎机械

粉碎机是指将树枝、木料等粉碎成一定粗细度木屑的机械。

### 桑枝条/杂木粉碎机（WAQ500型）

桑枝条/杂木粉碎机（WAQ500型，图8-1）是一种把桑枝（果树）条、木柴粉碎成颗粒状原材料，适用于食用菌生产的机器。成套机组（图8-2）由电动机、粉碎机、机座等组成。该机具有生产效率高、结构简单、操作方便、性能稳定、适用性广等特点。它通过刀片、锤

**图8-1　桑枝条/杂木粉碎机（WAQ500型）**

片、筛网,能一次性将 Φ120mm 以下的杂木、桑枝条、棉子秆、荆条、芒秆等粉碎成食用菌培养料的颗粒原料,粉碎颗粒大小适中。该粉碎机的技术参数见表 8-1。

图 8-2　桑枝条/杂木粉碎机成套机组

表 8-1　桑枝条/杂木粉碎机（WAQ500 型）的技术参数

| 型号 | 技术参数 | | | | | |
|---|---|---|---|---|---|---|
| | 电压/V | 电源频率/Hz | 总功率/kW | 生产能力/（kg/h） | 重量/kg | 外形尺寸/mm |
| WAQ500（单机） | 380 | 50 | — | >500（杂木）, >400（桑枝条） | 110 | 560×690×820 |
| WAQ500（整机） | 380 | 50 | 22 | | 270 | 1420×660×740 |

# （二）搅拌机械

## 自走式小型拌料机（ZDG-4 型）

自走式小型拌料机（ZDG-4,图 8-3）是目前食用菌培料第二代小型自走式搅拌机,是一种轻巧、生产效率高、灵活方便的实用型产品。该产品只要在一般平整的水泥地上由单人操作即可。该搅拌机主要的技术参数见表 8-2。

图 8-3　自走式小型拌料机（ZDG-4 型）

表 8-2　自走式小型拌料机（ZDG-4 型）主要的技术参数

| 型号 | 技术参数 | | | | | |
|------|------|------|------|------|------|------|
| | 电压/V | 电源频率/Hz | 总功率/kW | 生产能力/（kg/h） | 重量/kg | 外形尺寸/mm |
| ZDG-4 | 380 或 220 | 50 | 3（380V）或 2.2（220V） | >3000 | 120 | 1700×1350×980 |

# （三）装袋机械

装袋机分简易装袋机和多功能装袋机，多功能装袋机应用于规模化生产。

## 1. 简易装袋机

在袋式栽培香菇的生产过程中，装袋机是将培养料装入塑料筒袋、制成培养料筒袋的机械。生产上普遍采用螺旋挤入式装袋机，如小型装袋机（ZDG-1 型，图 8-4），机体由机架、喂料装置（喂料斗）、螺旋输送器等部件组成，每小时可装菌筒 300 袋左右。另外，可配套 750W 电动机，整机重量约50kg。小型装袋机(ZDG-1型)主要的技术参数见表8-3。

图8-4 小型装袋机(ZDG-1型)

表8-3 小型装袋机(ZDG-1型)主要的技术参数

| 型号 | 技术参数 | | | | | |
|---|---|---|---|---|---|---|
| | 电压/V | 电源频率/Hz | 总功率/kW | 生产能力/(袋/h) | 重量/kg | 外形尺寸/mm |
| ZDG-1(无声) | 220 | 50 | ≤1.5 | >300 | 30 | 800×380×900 |

## 2. ZDG 系列微电脑控制多功能装袋机

ZDG 系列微电脑控制多功能装袋机(图8-5、图8-6、图8-7)是目前食用菌行业培养料装袋最先进、新型实用的产品之一。

**图 8-5**　微电脑控制多功能装袋机流水线（ZDG500 型 09 款）

**图 8-6**　微电脑控制多功能装袋机流水线（ZDG500 型 11 款）

**图 8-7**　微电脑控制多功能装袋机流水线（ZDG500 型 12 款）

　　ZDG500 系列微电脑控制多功能装袋机流水线整机由拌料主机、装袋主机、输送机、电器控制柜等组成，具有生产效率高、装袋质量稳定、使用与维修方便等特点，适合中等规模以上的食用菌专业合作社、大中型工厂化食用菌生产基地使用。它由 PIC 芯片控制，自动计数的同时可自动搅拌，自动输送物料，使培养料更均匀。它采用脚踏开关控制装袋，能有效地控制培养料袋的长短，直接显示生产数量，而且全程控制集中在一个控制柜上，操作十分方便。该流水线主要的技术参数见表 8-4。

名菇高效栽培技术丛书

表 8-4　ZDG500 系列微电脑控制多功能装袋机流水线主要的技术参数

| 型号 | 技术参数 | | | | | |
|---|---|---|---|---|---|---|
| | 电压/V | 电源频率/Hz | 总功率/kW | 生产能力/（袋/h） | 拌料时间/min | 拌料容量/（kg/次） |
| ZDG500 型 09 款 | 380 | 50 | 21 | ≥2000 | 10～12 | 200(干料) |
| ZDG500 型 11 款 | 380 | 50 | 21 | ≥2000 | 10～12 | 200(干料) |
| ZDG500 型 12 款 | 380 | 50 | 21 | ≥2000 | 10～12 | 200(干料) |

| 型号 | 技术参数 | | | | |
|---|---|---|---|---|---|
| | 定时范围/s | 计数显示 | 套袋管 | 重量/kg | 外形尺寸/mm |
| ZDG500 型 09 款 | 0～9999 | 0～99999 | 可更换 | 1000 | 7600×1960×2180 |
| ZDG500 型 11 款 | 0～9999 | 0～99999 | 可更换 | 1100 | 7600×1960×2180 |
| ZDG500 型 12 款 | 0～9999 | 0～99999 | 可更换 | 2310 | 8300×6000×2250 |

## 3. GY-JB2T 型食用菌菌棒自动化生产线

GY-JB2T 型食用菌菌棒自动化生产线（图 8-8）由浙江（龙泉）菇源自动化设备有限公司研发生产，整机由培养料混合机、二次混合回料机、输送机、电器控制柜、储料分配机、微电脑控制气动装袋主机等组成。该生产线具有可连续拌料、拌料均匀、生产效率高、装袋质量稳定、使用和维修方便等特点,适合中等规模以上的食用菌专业合作社、大中型工厂化食用菌生产基地使用。

138

**图 8-8 GY-JB2T 型食用菌菌棒自动化生产线**

　　该生产线由 PLC 芯片控制,自动计数的同时可自动搅拌、自动输送物料,使培养料更均匀。它采用感应开关控制装袋,能有效地控制培养料袋的长短,调节菌棒松紧度、装袋速度,操作简单,适用于 14～18 规格的筒袋。该生产线主要的技术参数见表 8-5。

**表 8-5　GY-JB2T 型食用菌菌棒自动化生产线主要的技术参数**

| 名称 | 技术参数 | | | | |
|---|---|---|---|---|---|
| | 额定电压/ V | 电压频率/ Hz | 额定功率/ kW | 生产能力/（袋/h） | 工作气压/ MPa |
| GY-JB2T 型食用菌菌棒自动化生产线（双拌料桶方式） | 380 | 50 | 45 | 4000 | 0.3～0.8 |

　　注:该自动化生产线标配有拌料桶 2 个、输送带 2 条、四口分料器 1 个、气动式自动装袋机 4 台、7.5kW 空压机 1 台。

## （四）接种机械

目前香菇接种机械很少，已成为制约香菇集约化、规模化、工厂化生产的瓶颈。

GYJZ-A3 型全自动固体菌种接种机（图 8-9）是 2013 年由浙江（龙泉）菇源自动化设备有限公司、丽水市林业科学研究院联合研发的国内最新的接种机，适用于香菇、黑木耳等菌棒式生产的固体菌种接种，可移动，可在多个场所工作。该接种机零件全部采用不锈钢材料加工制作，配有离子风空气净化器、紫外线杀菌、臭氧消毒等装置。该接种机使用气动方式，配有辅助的电机，由 PLC 控制整套机械运行次序，自动完成接种环节，接种速率达 1000～1200 袋/h；接种质量稳定，成活率达 95% 以上，大幅度提高接

图 8-9 GYJZ-A3 型全自动固体菌种接种机

种速率，降低成本，降低劳动强度，是香菇和黑木耳集约化、规模化生产的必备设备。GYJZ-A3 型全自动固体菌种接种机主要的技术参数见表 8-6。

表 8-6 GYJZ-A3 型全自动固体菌种接种机主要的技术参数

| 名称 | 技术参数 | | | | |
|---|---|---|---|---|---|
| | 额定电压/ V | 电压频率/ Hz | 额定功率/ kW | 接种量/ （袋/h） | 工作气压/ MPa |
| GYJZ-A3 型全自动固体菌种接种机 | 220 | 50 | 1.6 | 1200 | 0.5～0.8 |

注：1. 接种孔可配置 3 孔或 4 孔（根据客户选择定制）。
　　2. 该接种机标配有 1 台空气净化器、1 台臭氧发生器、2 件紫外线消毒设备、2 件照明设备（8W/T5 灯管）。

## （五）灭菌设备

CLSG 系列常压蒸汽锅炉采用科学的节能和热能利用原理，热效率达 75%以上，比传统灭菌灶节省燃料 60%以上。它主要用于香菇袋料的灭菌，每次可灭菌约 2000 袋。整个灭菌时间只需 22～24h，灭菌效率快一倍，而且安全可靠，可以完全避免因蒸汽压力造成的事故。

CML-（30～80）-WII/M 型食用菌节能常压灭菌炉系列（图 8-10）以煤、木柴为主要燃料，具有节能降耗、省时高效、生态环保、安全可靠等特点。它采用科学的节能和热能利用的原理，热效率达 75%以上，是小型工矿企业，特别是城乡食用菌工厂、基地化用户、山区从事食用菌生产的农户用汽与用水的理想热能设备。该灭菌炉系列主要的技术参数见表 8-7。

图 8-10  CML-（30～80）-WII/M 型食用菌节能常压灭菌炉系列

表 8-7　CML-（30～80）-WII/M 型食用菌节能常压灭菌炉系列
　　　主要的技术参数

| 型号 | 技术参数 | | | | |
|---|---|---|---|---|---|
| | 额定温度/℃ | 水容量/kg | 灭菌量/（袋/次） | 热效率 | 外形尺寸/mm |
| CML-30-WII/M | 95～100 | 250 | ≥3000 | >75% | Φ680×1700 |
| CML-40-WII/M | 95～100 | 300 | ≥4000 | >75% | Φ800×1700 |
| CML-50-WII/M | 95～100 | 260 | ≥5000 | >75% | Φ600×2350 |
| CML-60-WII/M | 95～100 | 320 | ≥6000 | >75% | Φ680×2350 |
| CML-80-WII/M | 95～100 | 450 | ≥8000 | >75% | Φ750×2650 |

# （六）烘干机械

## 1. 食用菌燃油烘干机（SHG-30A 型）

SHG-30A 型电脑控制燃油烘干机（图 8-11）是以 0 号柴油或柴为燃料，配置低噪声风机、名牌燃烧机的烘干机，具有全自动控制、超温故障双重保护的功能，控制运行温度可电子显示，因此能监控整个烘干过程，能有效地保证烘品的天然品质。该机械为组合箱体结构，拆装运输方便，可用于食用菌产品、农副水产品等烘干。该烘干机主要的技术参数见表 8-8。

图 8-11　SHG-30A 型电脑控制燃油烘干机

**表 8-8  SHG-30A 型电脑控制燃油烘干机主要的技术参数**

| 型号 | 技术参数 | | | | | |
|------|------|------|------|------|------|------|
| | 电压/V | 电源频率/Hz | 风机功率/kW | 每千克干品电耗/（kW·h） | 烘干面积/m² | 每千克干品能耗（薪柴）/kg |
| SHG-30A | 220 | 50 | ≤1.5 | ≤0.2 | 46 | ≤0.45 |

| 型号 | 技术参数 | | | | |
|------|------|------|------|------|------|
| | 烘鲜菇量/kg | 烘干时间/h | 控温范围/℃ | 重量/kg | 外形尺寸/mm |
| SHG-30A | >500 | ≤10 | 0～120 | 600 | 3500×1200×1800 |

## 2. 半自动食用菌烘干机(SHG-25B 型)

SHG-25B 型半自动食用菌烘干机(图 8-12)主要采用热风烘干原理,配置温度控制器并根据不同物料的烘干工艺要求(时间、温度、进排风量等参数要求),对物料的烘干过程进行有效地控制。整机由主机箱(燃烧炉、风机、热交换器)、左右烘箱、温度控制器等部件组成。该机适用于香菇、木耳等食用菌及农副产品烘干。该烘干机主要的技术参数见表 8-9。

**图 8-12  SHG-25B 型半自动食用菌烘干机**

表 8-9  SHG-25B 型半自动食用菌烘干机主要的技术参数

| 型号 | 技术参数 | | | | | |
|---|---|---|---|---|---|---|
| | 电压/V | 电源频率/Hz | 风机功率/kW | 电耗/(kW·h) | 烘干面积/m² | 能耗(薪柴)/(kg/h) |
| SHG-25B | 220 | 50 | 1.3 | — | 25 | ≤15 |

| 型号 | 技术参数 | | | | |
|---|---|---|---|---|---|
| | 烘鲜菇量/kg | 烘干时间/h | 控温范围/℃ | 重量/kg | 外形尺寸/mm |
| SHG-25B | >300 | <13 | 40~85 | 240 | 3340×1150×1830 |

## 附录 ❶
## 香菇栽培咨询专家

| 姓　名 | 职称 | 单位 | 联系电话 | 技术内容 |
|---|---|---|---|---|
| 蔡为明 | 研究员 | 浙江省农业科学院 | 13605808751 | 香菇育种 |
| 应国华 | 教授级高工 | 丽水市林业科学研究院 | 13957083329 | 香菇菌种与栽培 |
| 李明焱 | 研究员 | 武义县真菌研究所 | 13906795498 | 香菇育种 |
| 叶长文 | 高级农艺师 | 庆元县食用菌科研中心 | 13967070600 | 香菇高棚层架栽培 |
| 陈再鸣 | 副教授 | 浙江大学 | 13003650292 | 香菇栽培与机械 |
| 陈　青 | 高级农艺师 | 浙江省农业厅 | 15958133695 | 香菇栽培与信息 |
| 顾新伟 | 推广研究员 | 丽水市农业局 | 13735910578 | 香菇高棚层架栽培 |
| 吕明亮 | 教授级高工 | 丽水市林业科学研究院 | 13567618325 | 菌种生产与栽培 |
| 徐　波 | 高级农艺师 | 缙云县农业局 | 13967085701 | 大棚和高温香菇栽培 |
| 夏建平 | 高级农艺师 | 景宁畲族自治县农业局 | 13906789380 | 香菇高棚层架栽培 |
| 张新华 | 高级农艺师 | 莲都区农业局 | 13567627399 | 大棚香菇栽培 |
| 王伟平 | 推广研究员 | 云和县农业局 | 15990403976 | 半地下式栽培 |
| 吴邦仁 | 高级农艺师 | 丽水市农业局 | 13666557488 | 高棚层架栽培 |
| 施　礼 | 高级农艺师 | 武义县食用菌技术推广站 | 13306795516 | 设施大棚香菇栽培 |

名菇高效栽培技术丛书

# 附录 ❷
# 香菇菌种及栽培原辅料

**附表 1　香菇菌种主要生产特性**

| 温型 | 香菇菌号 | 出菇温度/℃ | 菌棒接种期 | 菌龄/d | 品种优良特性 | 年栽培量 |
|---|---|---|---|---|---|---|
| 高温 | L9319 | 10～33 | 11～翌年3月 | 100～120 | 菇较大,褐色,圆整,肉厚结实,耐贮运,价格高 | 4500万袋 |
| | 931 | 8～35 | 1～5月 | 60～75 | 菇大,形美,高产,为高温特优新选育品种 | 4000万袋 |
| | 武香1号 | 6～34 | 1～5月 | 60～70 | 菇较大,褐色,圆整,为高温优选品种 | 3500万袋 |
| | 678 | 10～33 | 1～3月 | 80～100 | 菇体大,菇肉厚实,菇形圆整,柄较短 | 3000万袋 |
| 中温 | L808 | 10～28 | 8～9月 | 100～120 | 菇大型,肉厚且特结实,柄短,菇质特优 | 7000万袋 |
| | L-868 | 8～25 | 8～10月 | 60～70 | 菇较大,圆整,褐色,抗杂菌,高产,易管理 | 7000万袋 |
| | LS-10 | 12～25 | 8～10月 | 70～80 | 菇大,菇形圆整,肉厚,高产 | 3000万袋 |
| | L-26 | 10～25 | 8～10月 | 60～70 | 菇大,菇形圆整,抗逆性强,高产 | 3000万袋 |
| | Cr66 | 10～25 | 8～10月 | 70～80 | 菇大,形美,出菇快,产量高 | 5000万袋 |

146

续表

| 温型 | 香菇菌号 | 出菇温度/℃ | 菌棒接种期 | 菌龄/d | 品种优良特性 | 年栽培量 |
|---|---|---|---|---|---|---|
| 中低温 | 88 | 8~23 | 8~9月 | 80~110 | 菇较大,紧实,抗逆性强,高产 | 4000万袋 |
| | 939 | 8~23 | 2~5月,8~9月 | 90~150 | 菇大,肉厚,柄较短,耐高温,为高产花菇品种 | 8000万袋 |
| | 937 | 8~22 | 2~5月,8~9月 | 80~120 | 中型,肉厚实,柄特短(仅1~2cm),特高产 | 5500万袋 |
| | 908 | 8~23 | 2~5月,8~9月 | 90~120 | 菇大,肉厚,柄短,易越夏,为优质高产花菇品种 | 6000万袋 |
| | 135-5 | 7~22 | 12~翌年3月 | 180~200 | 菇大,肉厚,质实,菇盖圆整,柄短 | 4000万袋 |
| | 241-4 | 8~22 | 12~翌年5月 | 120~150 | 菇大,肉厚,圆整,产量高 | 3000万袋 |

注:1. 表中香菇菌种由丽水市大山菇业研究开发有限公司供应,其中香菇品种 L808 和 L9319 是经国家认定的香菇良种,认定编号分别为"国品认菌 2008009"和"国品认菌 2008008"。
  2. 香菇瓶装原种自提 10 元/瓶;快件托运 10 瓶起托,每件 140 元(含托运费),20 瓶为一个包装,每件 240 元(含托运费)。

**附表 2　香菇栽培其他原辅材料**

| 材料名称 | 单位(规格) | 单价/元 | 材料名称 | 单位(规格) | 单价/元 |
|---|---|---|---|---|---|
| 木屑 | 包 | 31~36 | 注水针 | 支 | 3 |
| 气雾消毒剂 | 盒 | 1.8 | 5头分水器 | 个 | 5 |
| 注水器 | 套 | 35 | 高温灭菌膜 | 7.5m×7.5m | 85 |

续表

| 材料名称 | 单位<br>(规格) | 单价/元 | 材料名称 | 单位<br>(规格) | 单价/元 |
|---|---|---|---|---|---|
| 花菇保水内袋 | 只 | 0.075 | 灭菌布 | 7.5m×7.5m | 80 |
| 菌种袋<br>(15cm×28cm) | 只 | 0.075 | 遮阳网 | m² | 1.6 |
| 线球 | kg | 13 | 药棉 | 包 | 5 |
| 木屑粉碎机 | 台 | 1950 | 多功能<br>蒸汽炉 | 台 | 1950 |
| 香菇装袋机 | 台 | 620 | 粉碎机刀片 | 副 | 80 |
| 菌袋扎口机 | 台 | 1750 | 丰优素<br>(10包) | 件 | 130 |

　　香菇栽培其他原辅材料除附表 2 介绍的之外,还有木屑(杂木屑)与香菇喷水系统。木屑(杂木屑):由 6～15cm 木材粉碎,标准袋包装,每袋 31～36 元(含运费,运费视路程远近而定),可装约 30 棒香菇棒。香菇喷水系统:5 孔喷水带 0.35 元/m,6.66cm(2 寸)主管 1.2 元/m,三通、弯头 2.5 元/个,小三通 1.5 元/个。

地址:浙江省丽水市城西叶塘下丽水市林业科学研究院内大山菇业研究开发有限公司

邮编:323000

联系人:吕明亮　应国华　　　电　话:0578-2250985(0)

手　机:13567618325(吕明亮),13957083329(应国华)

## 附录 ❸
## 香菇栽培塑料筒袋

　　金鸡塑料厂位于香菇人工栽培发源地——浙江省庆元县，具有近30年的生产历史，是目前国内专业生产食用菌栽培袋的大型厂家之一。该厂主要生产折径12cm、15cm、17cm、18cm、20cm及22cm的低压聚乙烯筒袋，年产4000t以上，同时生产2亿只套袋，能够满足香菇、黑木耳、灰树花、灵芝等食用菌栽培所需的各种规格的筒袋，还可为大销售商和厂家定点加工特殊规格的筒袋。

　　该厂生产的金鸡牌香菇袋，荣获"丽水市优质产品"称号，被中国食用菌协会评为"全国推荐名牌产品"。

地址：庆元县江滨路工业小区 2-46 号

联系人：吴作园　　　　　　　　　手　机：13906780064
电　话：0578-6216222　6125645　　传　真：0578-6125645

# 附录 ❹
## 香菇生产相关机械

庆元县菇星节能机械有限公司创建于 1996 年,坐落于香菇栽培发源地——浙江省庆元县。该公司总占地面积 6600m²,拥有标准化的厂房,技术力量强,生产设备先进,是目前浙江省最大的专业生产食用菌设备的科技型民营企业。

该公司主要生产香菇生产所需要的木屑粉碎、拌料、装袋、灭菌、烘干等机械,有适合农户使用的简易产品,也有适合工厂化生产的成套流水线装备。具体产品:木屑粉碎机、自走式小型拌料机、微电脑控制多功能装袋机、冲压装袋机、半自动电磁离合装袋机、ZDJ-1 小型装袋机、ZDJ-CK 型自动变频控制装袋机、食用菌菌棒扎口机、LSG 系列微压锅炉、菌棒打孔增氧机和各种型号的烘干机。

地址:浙江省庆元县会溪东山垟工业园区 8 号

联系人:陈世和　　　　　　　　手　机:13735991166
电　话:0578-6382288　　　　　传　真:0578-6382266

# 附录 ❺
## 香菇菌棒接种、栽培机械

　　龙泉市是世界香菇生产发源地和"中华灵芝第一乡",是我国南方最大的木耳生产基地,2012 年木耳生产量达 2 亿袋。浙江(龙泉)菇源自动化设备有限公司坐落于浙江省龙泉市塔石工业园区。该公司与浙江大学、丽水市林业科学研究院建立了良好的合作关系,研发并量产的两大主力产品——固体菌种全自动接种机、菌棒自动化生产线,已经应用到浙江省、福建省、江西省、安徽省、河南省、陕西省、黑龙江省、贵州省、云南省、广西壮族自治区等产区。该两大主力产品具有高效、运行稳定、智能化程度高的特点,每年可生产菌棒 5 亿多袋。

地址:龙泉市塔石街道晨光路 1 号

联系人:杨振华　　　　　　　　　　QQ:1195717399

电　话:0578-7117988　　　　　　　传真:0578-7113788

# 主要参考文献

[1]黄年来.中国食用菌百科[M].北京:中国农业出版社,1997.

[2]黄年来,林志彬,陈国良,等.中国食药用菌学[M].上海:上海科学技术文献出版社,2010.

[3]张金霞,黄晨阳,胡小军.中国食用菌品种[M].北京:中国农业出版社,2012.

[4]吴学谦.香菇生产全书[M].北京:中国农业出版社,2005.

[5]丁湖广.香菇速生高产栽培技术[M].北京:金盾出版社,1994.

[6]应国华,贾亚妮,陈俏彪,等.丽水香菇栽培模式[M].北京:中国农业出版社,2005.

[7]黄毅.食用菌栽培[M].3 版.北京:高等教育出版社,2008.

[8]浙江植物志编辑委员会.浙江植物志[M].杭州:浙江科学技术出版社,1993.